»Wir befinden uns an einem einzigartigen Punkt in unserer Geschichte.
Nie zuvor war uns so sehr bewusst, was wir unserem Planeten antun,
und nie zuvor hatten wir so viel Macht, um etwas dagegen zu tun.«

Sir David Attenborough

Dieses Buch ist allen gewidmet, die sich für den Schutz
und die Unversehrtheit der Ozeane unseres Planeten einsetzen.
Wir grüßen unsere Vorkämpferinnen und Vorkämpfer für das Meer,
ganz gleich, wie groß oder klein sie sind.

»Was du tust, bewirkt etwas, und du musst entscheiden,
was du bewirken willst.«

Dame Jane Goodall

WILDER OZEAN

PETER UND BEVERLY PICKFORD

WILDER OZEAN

EINE REISE IN DIE UNGEZÄHMTE NATUR DER WELTMEERE

Blackwell&Ruth.

PRESTEL

MÜNCHEN · LONDON · NEW YORK

INHALT

EINLEITUNG

Zu meinen frühesten Kindheitserinnerungen gehört das Schwimmenlernen im Kinderplanschbecken meiner an der Küste gelegenen südafrikanischen Heimatstadt. Es muss Winter gewesen sein, denn am meisten erinnere ich mich an die Kälte – fröstelnd, schlotterkalt.

Mein Lehrer war ein echter Landesmeister. Seine wettergegerbte Haut war nussbraun, und er trug eine grüne, von der Sonne fast weiß gebleichte Mütze, an die er ein breites Stück Stoff genäht hatte, das seinen Nacken und seine Schultern bedeckte. Seine Lehrmethode hieß Ermutigung, nicht Spott oder Tadel.

»Strampeln, Peter, strampeln«, rief er enthusiastisch, während er rückwärts vor mir herging und das kleine Paddelbrett zog. »Jetzt strecke deinen Kopf nicht zum Atmen hoch, sondern drehe ihn zur Seite. Sehr gut! Und jetzt die andere Seite.«

Er ließ das Paddelbrett los.

»Weiter strampeln, du schaffst das schon alleine.« Er ging weg zum Beckenrand. »Komm weiter. Bis zum Ende. Bravo!«

Ich erinnere mich an seinen wohlmeinenden Blick, als er meinen bibbernden Kopf trocken frottierte. Ihm verdanke ich, dass ich im Meer zu Hause bin und in zwei parallelen Universen lebe: Festland und Wasser.

Etwa 70 Prozent der Erdoberfläche bestehen aus Wasser, und 97 Prozent davon sind Ozeane. An der Wasserkante drängen sich Emotionen auf: Gelassenheit, wenn das Meer ruhig ist; Aufregung und Beklemmung, wenn es rauschend und wild ist; Ehrfurcht und Angst, wenn es stürmisch und zornig ist. Aber so betrachten wir den Ozean nur als eine Facette des Festlands. Sobald wir ihn mit offenen Augen betreten, werden wir in das größte auf unserem Planeten existierende Universum versetzt. Davon sehen wir nur eine Andeutung, wenn etwas seine Oberfläche durchbricht, um kurzzeitig ein Teil des Festlands zu werden, bevor es wieder in der geheimnisvollen Unterwasserwelt verschwindet.

Mit diesem Buch laden wir Sie ein, in diese Welt einzutreten. Während andere Planeten mit Raumschiffen und Teleskopen erforschen oder erreichen möchten, fordern wir Sie auf, sich in jene Welt direkt vor unserer Haustür zu wagen, die uns Jacques-Yves Cousteau erschlossen hat.

An diesem bizarren Ort fliegen Geschöpfe mit glänzender Haut nicht, sie schweben. In diesem Reich jenseits der Zwänge unseres erfahrungsbasierten Denkens tragen Schnecken so kunstvolle, bunte und fantasievoll verzierte Mäntel, dass sie unsere wildesten kindlichen Vorstellungen Lügen strafen. An diesem Ort schaufelt ein Tier, das mehr als zehn Stadtbusse wiegt und ein Herz von der Größe eines Kleinwagens hat, Lebewesen im Format einer Büroklammer zu Zehntausenden auf einmal in sich hinein. Hier entwickelten einige Bewohner aus Sicherheits- oder Tarnungsgründen so durchsichtige Körper, dass man ihr Gehirn und ihr Herz durch die Haut hindurch sehen kann. Anderen wuchsen Anhängsel aus Kopf und Gliedmaßen, damit sie wie Pflanzen völlig mit ihrer Umgebung verschmelzen, in der sie auf der Lauer liegen.

Bei der Arbeit an *Wilder Ozean* stellten wir fest, dass diese unglaubliche, dennoch so reale Fantasiewelt für viele von uns nur am Rand unseres Bewusstseins existiert. Diese Distanz ermöglicht es uns, jene Missstände zu ignorieren oder beiseitezuschieben, die die Ausbeutung durch den Menschen für die Ozeane mit sich bringt.

Kaum jemand dachte in der zweiten Hälfte des 19. Jahrhunderts an das Gemetzel, das Blutvergießen, das Leid und den Gestank, den das Geschäft mit Walöl für Lampen und Fischbein für Korsetts verursachte, oder gar die Stille, die im Gefolge der Ausbeutung ein Meer erfasste, das einst voller Leben war. An dieser distanzierten Haltung hat sich bis heute nichts geändert.

Wer von uns würde Haustieren aus Krill gewonnenes Futter geben, wenn wir beim Öffnen der Packung die Rufe der Wale hören könnten, die verhungern oder sich in den Netzen der riesigen Krillfang- und Fabrikschiffe verfangen, die jetzt in der Antarktis operieren? Wie viele von uns würden Zuchtlachs und Garnelen essen, die mit aus Krill gewonnenem Futter gemästet werden, oder Vitaminpräparate aus Krill-Extrakt einnehmen, wenn wir wüssten, dass wir damit die Grundlage der marinen Nahrungskette auf unserem Planeten zerstören? In der Antarktis sind Pinguine, Seevögel, Robben und Wale auf Krill angewiesen, um zu überleben. Blau- und Finnwale haben sich noch nicht von den verheerenden Folgen der Jagd erholt, und der jährliche Krillfang in der Antarktis übersteigt regional bereits den geschätzten Beutebedarf der Spezies Blauwal. Menschen essen keinen Krill. Sollten wir ihn nicht dem Leben in unseren Ozeanen überlassen – dem großartigen, vielschichtigen und artenreichen Leben?

Aber das tun wir nicht, weil der reale Ozean aus unserer Sicht nebensächlich ist. Er ist physisch und von unserer Erfahrungswelt weit entfernt und bietet den Machern genug Profit, um Medienkampagnen führen zu können, die ihr Handeln mit inhaltsleeren Floskeln wie »nachhaltig« und »Beifang« beschönigen.

In Südafrika reichten kürzlich Vogelschützer eine Klage gegen die Regierung ein, weil die kommerzielle Entnahme angesichts deutlich abnehmender Fischbestände kaum eingeschränkt wurde, obwohl die pelagischen Fischschwärme so stark dezimiert sind, dass unsere in Afrika einzigartige Pinguinart zu verhungern drohte. Interessanterweise sind es die sichtbaren Pinguine und nicht die unter Wasser unsichtbaren Sardinen, die die Menschen dazu brachten, die Natur zu verteidigen.

Nach lebenslanger Arbeit in der Wildnis kamen wir zu der Überzeugung, dass es nicht die Gesetze, das Rechtswesen oder die Polizei sind, die die Wildnis und ihre Bewohner wirklich schützen. Nur wenn ein Ort und seine Lebewesen von den Menschen verehrt und wertgeschätzt werden, genießen sie wirklich Schonung und Schutz.

Wilder Ozean ist unser Appell an Sie, Ihr Herz für das Meer zu öffnen und mit uns das gesamte Spektrum der atemberaubenden Vielfalt und außergewöhnlichen Schönheit aller Sphären unseres Planeten zu erkunden – denn nur durch Sie werden jene, die seine Großartigkeit missbrauchen und ausbeuten, im Zaum gehalten.

Für uns waren die vier Jahre Feldarbeit für *Wilder Ozean* eine Offenbarung – eine Reise voller Entdeckungen, Ehrfurcht und vor allem Abenteuer. Dies alles muss nicht nur einigen wenigen vorbehalten bleiben. Es ist für uns alle zugänglich. Setzen Sie einfach eine Tauchmaske auf und blicken Sie ins Wasser. Dies wird Ihr Leben um Geschichten bereichern, die Sie nacherzählen und die andere hören wollen.

Wir Naturfotografen werden immer wieder gefragt, ob es nicht klüger wäre, einem Massenpublikum die überaus schönen und ökologisch unversehrten Orte vorzuenthalten, damit nicht genau das, was wir zu erhalten versuchen, durch gesteigerte Bekanntheit und den damit verbundenen Menschenandrang zerstört wird. Mit voller Überzeugung antworten wir immer, dass die Menschen nur durch die Bekanntschaft mit dem Nattern-Plattschwanz oder dem Eisbären beginnen, die von uns vorgestellten Orte wertzuschätzen, und sie vielleicht besuchen, und dass so eine Verbindung entsteht. Es spielt keine Rolle, ob Sie an der Wild Coast mit Delfinen schwimmen, vor dem Ningaloo Reef einem riesigen Wahoo begegnen oder mit Ihrer Kamera frierend an Deck stehen, während ein Wal zwischen riesigen Eisbergen aus der Tiefe auftaucht. Was zählt, ist das persönliche Erleben. So entsteht eine Assoziation, die nicht mehr distanziert und vage, sondern real, lebendig und unmittelbar ist.

Das ist unser Ziel: eine Verbindung herzustellen, aus der Wertschätzung für das Geheimnis und das Wunder unseres Planeten erwächst, sodass Sie, wenn andere versuchen, die Welt einer als ausbeutbar betrachteten Facette zu berauben, Ihre Stimme erheben, um die Stummen und die Orte, an denen sie leben, zu schützen. Kein Regentropfen löst allein eine Flut aus, aber am Beginn einer Flut steht immer ein Regentropfen.

Es bedarf aus unserer Sicht keiner allzu großen Vorstellungskraft, um zu erkennen, dass wir Menschen nicht von allem anderen irdischen Leben isoliert existieren. Soll unser Beitrag zur Erdgeschichte wirklich hauptsächlich aus Missbrauch und Auslöschung bestehen?

Wie ich auf der Reise für dieses Buch in der Bandasee schrieb:

> Wir verändern die Erde, die Ozeane, schneller, als jede Art evolutionäre Anpassung vornehmen kann. Wo liegt dann unsere Verantwortung, wenn überhaupt? Bewahren wir, schützen wir? Zwingen wir uns, auf unser unersättliches Nehmen und Überziehen zu verzichten?
> Kurz: Entwickeln wir uns im Bewusstsein notwendiger Veränderungen an uns selbst, die eine symbiotische gemeinsame Nutzung unseres Planeten mit allem Leben ermöglichen würden? Oder entwickeln wir uns egoistisch, unter dem Druck des Pragmatismus, um unser eigenes Überleben zu sichern? Nur wenn wir uns wandeln, um uns an die Veränderung der Umwelt anzupassen, kann die Evolution erfolgreich sein.

FÜNF OZEANE

INDISCHER OZEAN

WILD COAST, SÜDAFRIKA, UND DIE KORALLENRIFFE DER SEYCHELLEN

WILD COAST, SÜDAFRIKA

Die Küstenebene mit ihren sanften Hügeln, die von schattigen, steil abfallenden Schluchten durchzogen sind, sieht aus wie ein riesiger Brustkorb. Die grasbewachsenen Hügelkuppen sind von der Sonne gebleicht, die Täler stellen den Kontrast mit dunklem Grün her. Silbriges Wasser schlängelt sich dort, wo es sich seinen Weg zum Meer gebahnt hat, im Sonnenlicht wie ein heller Faden durch die schattigen Sohlen der Schluchten.

Diese durchbrechen die Küste wie Rippen. Die Täler zwischen den Flanken sind zu steil für Straßen; ihre Häufung und Breite machen sie ungeeignet für Brücken. Zum Ozean hin bilden sie Mündungen, die eine stille Zuflucht vor dem Meer bieten, das so wild ist, dass hier nie ein Hafen entstand.

In Südafrika ist diese Küste als Wild Coast bekannt. Ihr Name klingt heute noch genauso romantisch und zutreffend wie in meiner Jugend. Sie lässt sich am besten zu Fuß oder zu Pferd erkunden. Ein kurzer Ausflug von fünf Kilometern entlang der Küste zu Fuß dauert einige Stunden und schließt eventuell das Durchschwimmen einer Flussmündung ein.

Auf Rädern dauert die gleiche Reise einen ganzen Tag. Man schlängelt sich über verschlungene Schotterstraßen ins Landesinnere, bis man das Quellgebiet einer Schlucht erreicht. Die Wild Coast auf- und abwärts zu bezwingen heißt, sich wie eine kleine grüne Raupe wellenartig zu bewegen. Diese Unzugänglichkeit half, den ländlichen und wilden Charakter der Küste zu bewahren. Auch heute noch ist diese Welt weit entfernt von den Annehmlichkeiten des Tempos, mit dem zu reisen wir gewohnt sind, und das wirkt sich auf das Leben selbst aus.

Am ersten Morgen, an dem wir für dieses Buch fotografieren wollten, stand ich auf einer Hügelkuppe und hörte erfreut, wie die Stille von Stimmengewirr durchbrochen wurde. Vor mir im Tal hing ein feiner kühler Nebel in der rosa-violetten Morgendämmerung; seine Ranken reichten bis zum dunklen Meer. In der Ferne krähte ein Hahn mit gebrochener Stimme in den Tag hinein. Die Stille wogte zurück, wie Wellen am Rand eines Tümpels. Es war still und kalt; Spannung und Vorfreude lagen in der Luft. Ich wartete.

Aus den bewaldeten Wänden der tiefen Schlucht erscholl leise der Ruf einer Eule. Die Nacht war vorüber. Und dann erhob sich eine Stimme, nicht laut, aber trällernd, in der Luft. Sie sang eine Frage in den Tag hinein, hielt inne und rief dann erneut. Von der anderen Seite der Schlucht kam eine Antwort, die in der Stille allgegenwärtig klang. So kommunizieren die Menschen an der Wild Coast miteinander: Sie rufen von Bergkuppe zu Bergkuppe – eine verschüttete Erinnerung, die ich nach Jahrzehnten wiederzufinden gehofft hatte.

Ich verließ meinen Aussichtspunkt und schlug einen Fußweg zur Küste ein. Hinter mir wuchsen Rondavels (traditionelle afrikanische Rundhäuser) in Rosa und verblichenem Türkis wie gedrungene Pilze auf den Hügelkuppen. Grashalme spritzten Tau an meine Waden und die Luft duftete nach fruchtbarem Boden.

Ein Angler kam mir auf dem Weg entgegen. Er trug eine lange Brandungsrute über der Schulter, eine geflochtene Tasche an der Seite und schwarze Gummistiefel an den Füßen. Er stapfte mühsam gegen die Steigung an, als ob das Gewicht der Stiefel die Müdigkeit vom nächtlichen Angeln noch verstärkte. Ich blieb stehen.

»Molweni«, begrüßte ich ihn.

»Mholo«, antwortete er mit einem Kopfnicken.

Ich fragte ihn, wie das Angeln war. Er blieb stehen, stellte seine Tasche neben die Füße und ließ die Rute von seiner Schulter gleiten, bis sie sanft im Gras landete.

»Gut«, sagte er und stieß die Tasche mit der Spitze seines Stiefels an.

»Schöner Morgen«, meinte ich, und er blickte sich um, als ob er eine entsprechende Überlegung erst noch anstellen müsste.

»Möchten Sie einen Fisch kaufen?«, fragte er.

Ich warf einen Blick auf seine Tasche aus Grasgeflecht, dann weit hinaus aufs Meer. Unwillkürlich musste ich lächeln. »Ja«, sagte ich nur. Wie sollte ich erklären, wie schön es in dieser seltsamen Welt des ständigen technologischen Wandels war, hier auf Dinge aus meiner fernen Kindheit zu stoßen, die sich nicht verändert hatten.

Ich filetierte den Fisch auf den Felsen am Meer. Ein junges Mädchen im sonnengebleichten Kleid, burgunderrot mit kleinen senfgelben Blüten, sah mir dabei zu. Sie saß in diskretem Abstand, angespannt und großäugig. Ich lächelte sie an, sie fixierte mich. Vermutlich war die Silhouette, die auf den von der Ebbe freigelegten Felsen mit einem flachen Eisen Austern aus den Ritzen klaubte, ihre Mutter.

Ich spülte die Filets in einem Tidebecken ab und nahm den Fisch am Schwanz, um ihn ins Meer zu werfen. Das Mädchen sprang auf. Ich zögerte. Sie war mager, fast so dünn wie der fadenscheinige Stoff ihres Kleides.

»Möchtest du ihn«? Ich erinnerte mich an die Vorliebe der Einheimischen für Fischbrühe. Ich hielt ihr die Karkasse hin. Sie nickte zweimal, knickste, als ich ihr die spärliche Beute in die Hände drückte, drehte sich um und lief leichtfüßig über die tückische Oberfläche der Felsen zu der fernen Silhouette, die sich dunkel von der weißen Brandung abhob.

Später am Morgen saß ich in einem Schlauchboot und beobachtete die Brandung. Zu meinen Füßen lag die kleine Schatztruhe mit der Unterwasser-Kameraausrüstung, die in perforierten Kunststoffbehältern am Boden festgemacht war. Die Wellen hoben sich, brachen sich heftig und rauschten auf unser kleines Boot zu, das im Windschatten des Ufers lag. Als erfahrener Surfer wusste ich, was uns bevorstand. Mein Gaumen wurde trocken, und ich überprüfte noch einmal die Gurte, die meine Ausrüstung sicherten. Ich hakte meine Füße so fest wie möglich in die Schlaufen im Boden, die mich davor bewahren sollten, weggerissen zu werden. Bald würde es nass.

Fast zehn Minuten kreuzte unser erprobter Skipper und Guide Steve Benjamin zwischen den sich in Ufernähe brechenden Wellen und steuerte unseren Bug nur dann in die pulsierenden weißen Wellenberge, wenn deren Kraft verebbt war. Alle Augen waren aufs Meer gerichtet. Durch eine Lücke in den heranrückenden grünen Wänden zwängte uns Steve seewärts, durch die Gischt einiger kleinerer Wellen hindurch. Er ließ die Motoren aufheulen, gerade als sich die letzte große Welle brach. Das schäumende Wasser überragte unsere Köpfe. Es nahm mir die Sicht und zerrte heftig an meinen Sicherungsschlaufen. Als ich wieder etwas sah, nahm ich Steve am Steuer wahr, wie er sich umdrehte, um zu prüfen, ob er Leute oder Ausrüstung verloren hatte. Die Motoren dröhnten mit voller Kraft. Wir rasten auf einen sich aufbäumenden grünen Dämon zu.

Die Welle war gerade halb gebrochen, aber wir waren frei von ihr, als wir vom Kamm wegschossen. Die Motoren jaulten auf. Ich spürte das vertraute Gefühl in meinem Bauch, als wir schwerelos durch die Luft fielen. Unsere Landung war weder weich noch sanft. Das Boot setzte hart auf, mein Körper krümmte sich, presste den Atem aus meinen Lungen, mein Kopf schlug fast gegen meine Knie. Der Schub, als die Motoren wieder einsetzten, riss uns rückwärts, und ich klammerte mich an das Seil in meinen Händen.

Eine weitere Wellenwand bäumte sich uns gegenüber auf, aber sie wuchs noch, und wir glitten langsam über ihren Rücken. Das Wasser, das mir über den Kopf lief, brachte mich zum Blinzeln. Steve grinste mich an.

»Willkommen an der Wild Coast«, rief er.

Dann erreichten wir eine Welt, die ich zwar gesehen hatte, aber nicht kannte: die Tiefsee, beinahe ein eigenes Universum. Wir stießen auf eine Schule von surfenden Großen Tümmlern, 20 oder mehr auf einmal. Beim Anlaufen der großen Wellen Richtung Ufer beschleunigten sie und begannen zu gleiten, wenn die Welle steiler wurde. Es war ein synchroner Tanz, mühelos, anmutig. Sobald sich die Wellen donnernd und schäumend brachen, schossen die Delfine über sie hinweg. Ihr Tempo katapultierte sie hoch in die Luft, wie eine Salve von Raketen, die aus der blaugrünen Undurchsichtigkeit des Meeres abgefeuert wurden.

Hinter ihnen erhoben sich das Küstenland und die Klippen; grasbewachsene Hügel mit grasenden Rindern; Täler mit Buschwerk, das dicht und grün bis an die Strände heranreichte. Im fernen Landesinneren standen verstreute Hüttensiedlungen und zeichneten sich scharf vor dem Himmel ab. Nur gelegentlich unterbrach eine kleine Siedlung die Küstenlinie.

Im Jahr 1987 putschte sich Bantu Holomisa im von Südafrika formal unabhängigen Homeland Transkei an die Macht. Als Verfechter des Umweltschutzes erließ er ein Gesetz, das jede weitere Erschließung der Küstenregion innerhalb eines Kilometers landeinwärts von der Küste verbot. Es ist auch heute noch in Kraft und die Wild Coast hat sich dadurch zu einem der Kronjuwelen der südafrikanischen Küstenschutzgebiete entwickelt. Nur die Tiefsee wurde nicht geschützt – ihre Stunde sollte erst noch kommen.

Während wir mit langsamer Fahrt nach Norden die Küste entlang trieben und mit den surfenden Delfinen Schritt hielten, behielt Steve den Horizont im Blick. Er hielt Ausschau nach etwas, das er »Popcorn« nannte: Schwärme von Basstölpeln, die nach Sardinenschwärmen tauchen. Seine Beschreibung traf zu. Aus der Ferne sah man nur die speerförmigen Vögel, die sich von weit oben in den Ozean stürzten, wie ein Regen von Pfeilen. Sie tauchten tief nach ihrer Beute und kamen in einem schaumigen Schwall wieder an die Oberfläche, bevor sie wieder abhoben.

»Popcorn« meint einen sich zusammenballenden Sardinenschwarm, der von Raubfischen an die Oberfläche getrieben wurde. Auf der Südhalbkugel gibt es im Winter jedes Jahr eine Anomalie der Küstenströmungen. Die kalte Strömung, die normalerweise von der Antarktis kommend die Westküste Afrikas passiert, wird nach Osten umgeleitet. Das kalte nährstoffreiche Wasser bringt Sardinenschwärme mit sich, in manchen Jahren Milliarden von Individuen in kilometerlangen und -breiten Schwärmen. Dieser Vorgang ist hier als Sardinenwanderung bekannt und gilt als eine der bedeutendsten Tiermigrationen der Welt. Sie zieht Tausende von Raubfischen an; wenn die Sardinen an die Küste getrieben werden, beschert sie den Küstengemeinden eine noch nie dagewesene Fülle. Wir wollten die Raubfische fotografieren.

»Delfine!«, rief Steve. Verwirrt wandte ich mich ihm zu – die beobachteten wir doch bereits. Ich folgte seinem Blick von der Küste weg auf das Meer hinaus und spürte, wie sich meine Arm- und Nackenhaare sträubten. Der Horizont hatte sich in einen brodelnden Kessel verwandelt; der Ozean wurde von einer großen Delfinherde aufgewühlt, die weder Anfang noch Ende erkennen ließ. Wir drehten vom Ufer ab und fuhren tiefer ins Blau hinein, fast mit Vollgas, um sie endlich zu überholen.

Es waren Gemeine Delfine (ein etwas liebloser Name für so einzigartig schöne Geschöpfe), Tausende von Individuen. Jede Beute auf ihrem Weg hätte sich ausgenommen wie ein Kinderdreirad gegenüber einem heranrasenden Güterzug. Steve überholte und setzte Beverly und mich im Wasser ab.

Ich wartete gespannt und war froh, dass ich größer war als eine Sardine. Nach dem großen Crescendo an der Oberfläche war es unter Wasser erstaunlich ruhig. Der Ozean verschleierte sich in undurchsichtigem Türkis, die Sonnenstrahlen sammelten sich wie spitze Klingen an einem einzigen Punkt unter mir in der Tiefe.

Ungeachtet des tierischen Getümmels nahe der Oberfläche gab es unter Wasser noch mehr davon. Ich war überrascht, wie gemächlich und doch schnell der größte Teil der Herde vorbeizog, ohne uns zu bemerken. Einige wichen ein wenig zurück, andere legten sich unter uns auf die Seite, um uns besser sehen zu können. Manche kamen beängstigend nah, bis mir klar wurde, dass sie einfach nur versuchten, ein genaueres Bild von mir zu bekommen, indem sie ihr einzigartiges Echolot nutzten, ihre Melone, die Ausbuchtung auf ihrer Stirn. Es war meine erste Erfahrung mit jener »Fluchtdistanz«, die die Tiere als ausreichend betrachten, um unter Wasser zu entkommen. An Land wird sie in Dutzenden oder gar Hunderten von Metern gemessen. Unter Wasser besteht sie in Bruchteilen eines Meters.

Noch nie waren mir wilde Tiere so nahe gekommen, noch dazu so viele, aber in weniger als fünf Minuten waren sie wieder weg. Steve teilte unsere Freude, er lachte; unsere Augen leuchteten vor Begeisterung, als wir wieder ins Boot stiegen. Wir rasten um den Schwarm herum und wiederholten das Ganze.

Luphathana, Wild Coast, Südafrika

Nachhaltige Entnahme ist eines der Kennzeichen der Wild Coast. Eine Frau hält eine kleine Schale mit Austern, die sie bei Ebbe mit einer Machete aus den Felsen herausgestemmt hat.

Wie weit reicht wohl die menschliche Beharrlichkeit? Sie ist bei jedem von uns anders, aber es gibt sie. Als wir wieder den Delfinen hinterherrasten, kauerte ich mit gespreizten Beinen im Boot und lehnte mich mit zurückgelegtem Kopf an den Schwimmkörper. Meine Augen hielt ich wegen der grellen Sonne geschlossen, aber durch den Spalt zwischen meinen Augenlidern sah ich Hunderte von Delfinen. Meine Arme hingen schlaff zur Seite und mein Körper genoss die Erholung von der extremen körperlichen Anstrengung, als Steve »Popcorn« rief.

Ich sprang auf und zog hektisch Maske und Flossen an. Basstölpel stürzten sich wie Speere aus großer Höhe ins Meer. Sobald die Motoren im Leerlauf waren, glitten Beverly und ich ins Wasser und schwammen zum Zentrum des Geschehens, etwa 25 Meter entfernt, in der Hoffnung, nicht von oben aufgespießt zu werden.

Haie – zehn oder zwölf tummelten sich in einem Wirbel rasender Aktivität um einen kleinen Sardinenschwarm. Sie stürzten sich mit aufgerissenem Maul auf die sich windende, kreisende Masse kleiner Fische, die sich so synchron bewegten, als ob sie eins wären. Ich zögerte. Als erfahrener Surfer verlässt man das Wasser, wenn Haie in der Nähe sind. Diese Tiere waren eindeutig erregt; sie vergaßen ihre übliche Zurückhaltung, als sie wild um sich schlagend am Festmahl teilnahmen.

Mein Herz schlug mir bis zum Hals, als mich etwas Großes von hinten packte und vorwärts schob. Steve! Den ganzen Tag über hatte er mir gesagt, ich solle »näher ran«. Haie zogen an mir vorüber, kamen und verschwanden aus meinem Blickfeld, als ob ich von zustoßenden Schlangen umgeben wäre. Es kostete mich echt Überwindung, meinen Blick vom Spektakel abzuwenden und ihn auf den Kamerasucher zu richten.

Etwa eine Minute später war alles vorüber. Ein paar winzige silberne Fischschuppen trieben wie Konfetti im Sonnenlicht, die Haie kreisten immer weiter und tiefer, bis sie vom Blau verschluckt wurden. Ein paar Basstölpel, die auf der Oberfläche paddelten, tauchten ab und zu ihre großen runden Augen ins Wasser, als ob sie uns verdächtigten, ihnen etwas zu verheimlichen.

Als wir an diesem Abend an der Schwelle zur Dämmerung an Land gingen, bot die Frau, die ich in der Morgendämmerung gesehen hatte, uns frische Austern zu unserem Abendessen an. Das Mädchen im verblichenen burgunderroten Kleid fixierte uns mit der gleichen vorsichtigen, aber unverhohlenen Neugier wie bei Tagesbeginn.

Als wir den steilen Hang vom Strand zu unserer Unterkunft hinaufkletterten, bog ich seitlich ab und folgte einer Viehtrift, bis ich freien Blick auf die Küste im Norden hatte. Dort setzte ich mich hin und gab mir Zeit, den Tag zu verdauen. Seltsamerweise dachte ich nach all dem in den vergangenen Stunden Erlebten besonders an das kleine Mädchen. Alles hier war unberührt, unverfälscht; der Reichtum des Meeres und der Küste kam daher, dass die Menschen hier Teil des Lands waren, nicht bloß seine Bewohner. Sie lebten von den Gezeiten und den Regenfällen. Ich kenne die Wild Coast mehr als 40 Jahre; in dieser Zeit ernteten sie, was das Meer hergab, und zwar so, dass es für den Lebensunterhalt ausreichte, ohne Profitgier. Das unveränderte Land ist ein Refugium außerordentlicher Schönheit und unberührter Natur, fast einzigartig in einer Welt, in der Spekulation nach allem giert, was an unberührter und nicht völlig unwirtlicher Küstenlinie noch übrig ist.

Ich blicke aufs Meer hinaus und zugleich nach innen. Es ist die Landschaft, an die wir die Unveränderlichkeit unserer Existenz knüpfen. Hier liegen unsere kulturellen Wurzeln, aus ihr erwächst unsere Identität. Hierher kehren wir zurück, wenn wir uns verirrt und verwirrt fühlen. Hier sind wir unter unseresgleichen und fühlen uns nicht mehr allein. Damals wurde mir klar, welch schwerwiegende Fehleinschätzung es ist, ein Land und seine Menschen abzulehnen, nur weil sie anders sind als wir selbst, weil wir uns unbewusst als weltläufiger, erfahrener und daher fähiger und begabter betrachten.

Während ich meinen Kopf in die Hände stützte, spürte ich diesem Gedanken nach, um seine Konsequenz ehrlich zu überdenken. Die Antwort lieferte das magere Mädchen im verblichenen, fadenscheinigen burgunderroten Kleid. Ihr Mut überwand ihre Scheu und ihre Angst. Sie wich nicht vom Fleck, sie ließ sich weder einschüchtern noch durch die Umstände kleinkriegen; in der Gewissheit, dass dies ihr Platz war, bekam sie, was sie wollte. Sie wirkte auf mich wie eine Kämpferin.

In Afrika haben Kämpfernaturen Tradition. Ich erinnere mich an die wenigen kämpferischen Zeitgenossen hier in der Transkei: Bantu Holomisa; die Umweltaktivisten Sinegugu Zukulu und Nonhle Mbuthuma, die 2024 den Goldman Environmental Prize erhielten, weil sie den Stopp der Öl- und Gasexploration an der Wild Coast erzwangen; der Fotograf und Forscher John Costello; Div de Villiers, Naturschutzbeauftragter und Vorkämpfer für die Wild Coast; der Anwalt und Autor Tembeka Ngcukaitobi; und natürlich Nelson Mandela. Alle wuchsen in dieser Region auf. Alle wurden aufgrund ihrer Herkunft von ihren Gegnern unterschätzt. Diese Menschen triumphierten in lokalen Scharmützeln um die Erschließung der Küste, gegen den massiven Druck der Minenkonzerne, schließlich über globale Ölmultis und die sture verbrecherische Apartheid.

Ich blickte auf zum inzwischen sternbesäten Himmel. Afrika ist meine Heimat, aber ich bin auch ein Wassermensch, der das Meer liebt. Ich erkannte, wie diese simple Beziehung mich unmittelbar in einer großen und vielfältigen Gemeinschaft verankerte, die keine Grenzen kennt und Teil fast aller Kulturen ist. Während die Wellen an die unsichtbaren Felsen unter mir schlugen, stand ich auf und machte meine ersten Schritte in der Erkenntnis, dass ich ein Kämpfer des Meeres bin, und schöpfte Trost aus der Tatsache, dass die Liebe zu einem Ort und der Glaube daran seit jeher die Verbündeten des Siegers sind.

DIE KORALLENRIFFE DER SEYCHELLEN

Um 2:37 Uhr ist es stockdunkel. Die dünne silberne Sichel des zunehmenden Monds ist längst verblasst; Lichter gibt es hier keine. Wir sind so weit von jeder menschlichen Ansiedlung entfernt, wie es auf diesem Planeten nur möglich ist. Das Sternenlicht legt sich aufs Wasser wie ein Schwung heller Regentropfen über einen dunklen Teich. Die Luft ist gesättigt von der Feuchtigkeit der Tropen. Vor uns hebt sich eine Sichel aus weißem Korallensand vage vom dunklen Horizont ab. Wir suchen nach Schildkrötenspuren.

Astove, eine winzige Koralleninsel, die zu den Outer Islands der Seychellen gehört, ist einer der wenigen Orte der Erde, an dem Grüne Meeresschildkröten vom Menschen ungestört die Eiablage – die anstrengendste Phase in ihrem Lebenszyklus – abschließen können. In der Regel kommen sie auf dem Höhepunkt der Flut an Land. Das verkürzt den Weg, den sie mit ihren massigen Körpern über den Sand kriechen müssen, um ihre Eier knapp oberhalb der Hochwasserlinie abzulegen. Dabei hinterlassen sie raupenähnliche Spuren im Sand.

Wir finden zunächst zwei davon, eine oben und eine unten am Strand. Wir sind zu spät; die Schildkröte ist ins Meer zurückgekehrt. 50 Meter weiter führt eine dritte Spur den steilen Strand hinauf. Ich kann das Tier hören. Das Aufwirbeln von Sand, ein gelegentliches tiefes Schnaufen während Pausen beim anstrengenden Graben am Rand der dicht wachsenden Curaçao-Sonnenwende.

Als wir zehn Meter von ihr entfernt sitzen, umschwärmt uns eine Legion von Moskitos, deren Summen alles andere übertönt. Kopfnetze, lange, in Handschuhe gesteckte Ärmel und lange, in Socken und Stiefel gesteckte Hosen schützen uns. Gestern Nacht hielten wir es, nur mit einem Abwehrmittel bewaffnet, ein paar Sekunden aus, bevor wir uns wild um uns schlagend zurückziehen mussten.

Eine Viertelstunde lang nähern wir uns behutsam an, die Szenerie mit einem matten roten Licht beleuchtend, ohne die Schildkröte zu blenden. Die Grube, die sie mit ihren Hinterflossen gräbt, ist etwa einen Meter tief. Die Eier kommen im Eiltempo, »plopp, plopp, plopp«, zehn. Pause. »Plopp, plopp, plopp«, 14. Pause, dann noch mehr – weiß, feucht und weichschalig, etwas kleiner als ein kleines Hühnerei.

Die Eier könnte man problemlos stehlen; das Tier würde es wahrscheinlich nicht einmal bemerken. Genauso leicht könnte man es töten und mit mehr als 100 Kilogramm Fleisch als Beute entkommen. Herzlosigkeit und eine Axt reichen. Genau so machte es der Mensch überall auf der Welt: Er nahm den Reichtum der Natur und plünderte ihn. Weil es so einfach war, nahmen wir uns so viel wie möglich, ohne Rücksicht auf die Folgen.

Ich musste an den Maskentölpel denken, den ein einheimischer Führer auf einer anderen Insel im lokalen Dialekt *Fou jenere*, »großzügiger Narr«, genannt hatte. Wir beobachteten eine Schar der Vögel, wie sie in der Abenddämmerung vom Meer zu ihren Nestern zurückkehrten. Eine kreisende Armada von Fregattvögeln wartete auf sie wie geflügelte Piraten. Drei Tölpelarten kehrten zu ihren Ruheplätzen zurück – Rotfuß-, Braun- und Maskentölpel –, aber die Fregattvögel verfolgten nur die Letzteren. Sie schnappten mit ihren Schnäbeln nach irgendeiner Extremität – Fuß, Schwanz oder Flügel – und schleuderten die Maskentölpel herum. Beim verzweifelten Versuch, den Angriff abzuwehren, würgt der Tölpel einen der zuvor gefangenen Fische wieder hoch. Der Fregattvogel lässt von seinem Opfer ab und schnappt sich in gekrümmter Haltung die Beute, bevor sie ins Wasser fallen kann. Die Braun- und Rotfußtölpel wehrten sich stets, sodass der *Fou jenere* fast ausschließlich im Visier der piratischen Beutejäger stand.

Die Großzügigkeit der Natur uns gegenüber grenzt an Torheit, deshalb fühlen wir uns nicht als Piraten. Wir nehmen und betrachten dies im Lauf der Zeit als unser Recht. Noch in der zweiten Hälfte des 20. Jahrhunderts wurden mehr als eine Viertelmillion Karettschildkröten getötet, nur wegen der schönen geometrischen Formen ihres Schildpatts, das als Einlagen Kämme oder Schmuckschatullen zierte. Im vorigen Jahrhundert wurden noch Millionen mehr getötet, und es ist nicht bekannt, wie viele Schildkröten als leichte Nahrungsbeute abgeschlachtet oder wie viele Eier weltweit geraubt wurden, bis in einigen Fällen ein Rückgang der Schildkrötenarten um fast 80 Prozent verzeichnet wurde.

Die Seychellen reagierten bereits früh auf den Rückgang der Schildkrötenpopulationen, als sie 1977 den kommerziellen Handel mit ausgestopften oder konservierten Echten Karettschildkröten verboten. Aber erst 1994 waren die Verluste im Archipel so offensichtlich, dass schließlich ein vollständiges Verbot für alle Schildkrötenprodukte, einschließlich Panzer, erlassen wurde.

Auf der anderen Seite des Meeres, ein paar Stunden Bootsfahrt entfernt, erwartete uns eine so seltene natürliche Fülle, dass ich ekstatische Freude, aber ebenso körperlichen Schmerz über alles zwischenzeitlich Verlorene verspürte.

Das kreisförmige flache Cosmoledo-Atoll aus weißem Sand und Korallengestein erhebt sich kronenartig um eine große, flache Lagune. Das Wasser in seinem Inneren leuchtet türkis, während das umgebende Meer ein tiefes Königsblau zeigt. Die Insel wurde bislang nur sporadisch bewohnt und ist noch immer einer der unberührtesten Orte im gesamten Indischen Ozean.

Meeresvögel gibt es im Überfluss. Tölpel nisten auf jedem mindestens hüfthohen Strauch. Mangels Gewöhnung an Menschen haben sie keine Angst. Man muss am Ufer nur einen Arm ausstrecken, dann wird früher oder später ein Tölpel darauf landen. Am Mangrovensaum der inneren Lagune patrouillieren drei Meter lange Tigerhaie auf der Jagd nach Schildkröten, Rochen und Schnappern. Über und unter Wasser strotzt die Lagune von Leben.

Es war die Klangkulisse, die uns auf diese Lebensfülle aufmerksam machte. Bei Anbruch der tropischen Dämmerung schien lautes Vogelgeschnatter auf dem Cosmoledo-Atoll allgegenwärtig zu sein. Wir suchten den Himmel ab, fanden aber nichts, was uns einen Hinweis auf die Geräuschquelle gab.

Während der folgenden Tage wurde das mysteriöse abendliche Geräusch immer lauter. Sein Ursprung blieb uns nach wie vor verborgen. Am nächsten Abend blickten wir angestrengt in den leuchtend orangefarbenen Sonnenuntergang und sahen ein dichtes Geflatter von weit entfernten Seeschwalben, die über dem Horizont eine flache schwebende Wolke bildeten.

Am nächsten Tag hatte sich ihre Zahl verzehnfacht, dergestalt, dass sich am späten Nachmittag ständig wechselnde Wolkengebilde formten. Mit Einbruch der Dunkelheit näherten sich die Vögel der Insel immer mehr, bis wir sie in der Dunkelheit über uns hörten, wie Tausende nasse, auf Glasflächen quietschende Schwämme.

Wir schliefen unruhig, gespannt auf die Morgendämmerung, wachten aber bei Stille und unter leerem Himmel auf. Am frühen Nachmittag hörten wir zuerst ein Rinnsal, bald eine so große Flut, als hätte Noah die gesamte Vogelschar aus der Arche freigelassen. In der Abenddämmerung waren sie überall, der Himmel war ein verschwommenes Konfetti aus Flügeln.

Es handelte sich um Rußseeschwalben, die auf dem offenen Meer Fische jagen und sogar im Flug schlafen können. Sie kommen nur zum Brüten an Land und bilden dann Kolonien und Schwärme aus Hunderttausenden von Individuen. Da die Vögel auf nacktem ungeschütztem Boden nisten, benötigen sie Inseln, auf denen sie nicht gestört oder bejagt werden.

Soweit bekannt, gab es auf den Seychellen Rußseeschwalben lange Zeit in Hülle und Fülle. Die Menschen nutzten die Großzügigkeit der Natur zunächst als alternative Eiweißquelle und später, als sie die lukrative Seite erkannten, als florierendes internationales Geschäft. Ende des 20. Jahrhunderts wurden auf den Seychellen vermutlich sieben Millionen Eier jährlich geraubt, von denen etwa zwei Millionen in die Karibik exportiert wurden.

Doch die Natur ist nicht unerschöpflich und die Zahl der Rußseeschwalben fiel. Die Vögel verließen schließlich ihre traditionellen Brutgebiete, bis im westlichen Indischen Ozean 14 Kolonien ausstarben und acht weitere einen deutlichen Rückgang verzeichneten. Eine Erhebung der Regierung 2021 ergab, dass die Population auf African Banks, einem der nördlichsten Atolle des Archipels, von 43 300 Brutpaaren 1995 um fast 94 Prozent auf nur noch 2661 Brutpaare zurückgegangen war. 2022 verbot die Regierung das Sammeln von Eiern vollständig. Bei Redaktionsschluss war dieses Verbot noch in Kraft.

Während unserer letzten beiden Tage auf dem Cosmoledo-Atoll verbrachten wir jeden Nachmittag in einem surrenden, schwirrenden, quietschenden Strudel des Lebens. Obwohl wir die meiste Zeit unseres Lebens in der Wildnis leben, fühlte sich der Überfluss extrem an, als wäre der Kelch mit Lebenselixier bis zum Überfließen gefüllt.

Als wir in der letzten Nacht vorsichtig den bogenförmigen Strand der inneren Lagune entlang stapften, fragte mich Beverly kopfschüttelnd: »Warum sollte jemand das ruinieren wollen?«

Beim Nachdenken kam keine bündige Antwort heraus, aber sie musste einen Dreh- und Angelpunkt haben. Es ist wohl so: Aus menschlicher Sicht gibt es letztlich nur zwei verschiedene Gruppen von Menschen mit unterschiedlichen Ansichten über die Natur und ihren Reichtum. Was die einen der großzügigen Natur entnehmen wollen, ist der Profit, für die anderen ist es die Freude.

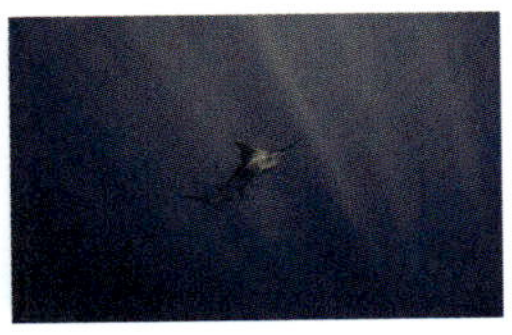

S. 52
Gestreifter Marlin, Alphonse, Seychellen

S. 53
Bullenhaie, Alphonse, Seychellen

S. 54–55
Mantarochen, Saint-François-Atoll, Seychellen

S. 56
Rotfußtölpel, Cosmoledo-Atoll, Seychellen

S. 57
Feenseeschwalbe mit Fisch,
Cosmoledo-Atoll, Seychellen

S. 58–59
Mangroven-Peitschenschwanz-Rochen,
Alphonse, Seychellen

S. 60–61
Eine Grüne Meeresschildkröte gräbt ihr Nest,
Astove-Atoll, Seychellen

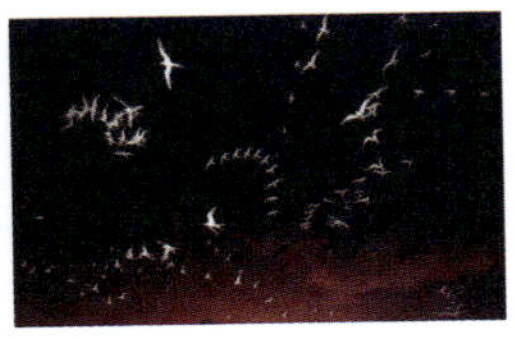

S. 62–63
Rußseeschwalben, Cosmoledo-Atoll, Seychellen

INDISCHER OZEAN

NINGALOO REEF, CAPE RANGE UND EXMOUTH-GOLF, AUSTRALIEN

An der Nordwestküste Australiens prallen Land und Meer in dramatischer Weise in Form dreier miteinander verbundener Naturwunder aufeinander: das azurblaue Ningaloo Reef, der zerklüftete Cape Range National Park und die seichten Gewässer des Exmouth-Golfs. Sie bilden ein lebendiges Mosaik des Lebens, ein Zeugnis der Vielfalt und Schönheit der Ökosysteme der Erde.

Ningaloo begreift nur, wer seine Vergangenheit kennt. Der landschaftsprägende Kalksteinrücken der Cape Range ist der Schlüssel zur geologischen Vergangenheit dieser Region. Im Perm, das vor 250 Millionen Jahren endete, lag dieses Gebiet unter einem flachen Meer, in dem unzählige Organismen gediehen. Jahrtausendelang lagerten sich ihre kalkhaltigen Skelette ab und bildeten riesige Kalksteinvorkommen. Die Entstehung des Kapgebirges ist mit dem Auseinanderbrechen des Superkontinents Gondwana vor etwa 150 Millionen Jahren verknüpft. Als tektonische Kräfte die Kontinente verschoben, wurde das heutige Westaustralien angehoben und die alten Meeresablagerungen waren den Elementen ausgesetzt. Jahrhunderte der Erosion und Verwitterung formten das dramatische trockene Terrain, das heute die Canyons und Bergrücken der Cape Range bildet. In den schattigen Tiefen der Mandu Mandu Gorge und dem tierreichen Yardie Creek bilden die Felsschichten sichtbare Zeitkapseln der Erdgeschichte.

Parallel zur Cape Range liegt das Ningaloo Reef, UNESCO-Weltnaturerbe und eines der längsten Saumkorallenriffe der Welt. Im Gegensatz zu vielen Riffsystemen, die durch das Meer vom Festland getrennt sind, schmiegt sich dieses Riff an die Küstenlinie. Seine Ursprünge gehen etwa 10 000 Jahre bis ins Holozän zurück, als nach der letzten Eiszeit der steigende Meeresspiegel die Küstenebenen überschwemmte. Korallenpolypen besiedelten das unter Wasser liegende Kalksteinsubstrat und bildeten das dynamische und einzigartige Riffsystem.

Der Exmouth-Golf, ein ausgedehntes flaches Meer am äußersten nördlichen Ende des Ningaloo Reef und östlich der Cape Range, verleiht der geologischen Komplexität der Region eine weitere Dimension. Tektonische Senkungen und Sedimentation ließen während Jahrmillionen eine geschützte Meeresumgebung entstehen. Sie ist von Mangroven und Wattflächen umgeben und bildet eine Schnittstelle zwischen Land und Meer, ein Mosaik aus Kinderstuben und Lebensräumen mit einer ungewöhnlichen Vielfalt von Lebensformen.

Die Wurzeln des riesigen Mangrovenwalds im Golf von Exmouth sind ein Zufluchtsort für junge Fische, Krebse und Weichtiere und schützen vor Raubtieren, bis die Jungen sich ins offene Meer wagen können. Die Schlamm- und Seegraswiesen des Golfs beherbergen Seekühe und Schwärme von Schildkröten, die jedes Jahr zur Eiablage an die Sandstrände zurückkehren. Im Frühjahr kommen Buckelwale mit ihren Kälbern in das seichte Schutzgebiet des Golfs, das ihnen eine wichtige Ruhe- und Stillzeit vor ihrer langen Wanderung in die Antarktis bietet. Zugvögel, die bis nach Sibirien reisen, machen hier Rast und tanken Kraft für ihre weite Reise. Der Anblick von über Sandbänke fliegenden Schwärmen, deren Silhouetten sich deutlich von der untergehenden Sonne abheben, und von Walen, die einen feinen, goldfarbenen Nebel in die Luft blasen, bildet die wilde Quintessenz des Golfs.

Das Klima dieser Region ist so extrem wie ihre Landschaften; Lebewesen feiern Feste und ertragen Hungersnöte. Die Winter sind pergamenttrocken und windgepeitscht, die Sommer bringen sengende Hitze, die Regenzeit verwandelt die jahrelang trockenen Flussbetten in reißende Ströme. Wirbelstürme, die in den warmen Gewässern des Indischen Ozeans entstehen, brausen wütend an Land und formen es immer wieder neu. Sie wirken sowohl zerstörerisch als auch verjüngend. Während sie oft Korallenriffe beschädigen und Mangroven entwurzeln, füllen sie mit ihren Regengüssen die Grundwasserreserven auf und verbreiten Samen über die trockenen Ebenen. Das Wechselspiel aus Zerstörung und Erneuerung bestimmt die Anpassungsfähigkeit des dreigliedrigen Ökosystems.

Diese weite Landschaft ist so facettenreich, dass wir uns für eine Reise über Land entschieden, mit einem Wohnmobil als mobile Basis, um das 260 Kilometer lange Ningaloo Reef zu erreichen. Auf diese Weise konnten wir ohne Ablenkung unmittelbar in der Landschaft leben, sowohl über als auch unter dem Meer.

Auf dem Weg von Perth nach Norden machten wir einen Abstecher nach Steep Point, einem unserer Lieblingsorte im neu ausgerufenen Edel Land National Park. Der westlichste Punkt Australiens ist wie das Ende der Welt. Eine Festung aus hohen roten Sandsteinklippen bewacht den Eingang zur treffend benannten Shark Bay, die über eine relativ schmale Lücke hinweg vom Dirk Hartog Island National Park begrenzt wird. Wie in allen engen Passagen zum Meer wimmelt es auch am Steep Point von Leben.

Von den steilen Klippen aus lassen sich Wale beobachten, die auf ihrer Reise in das mehr als 500 Kilometer entfernte Schutzgebiet des Exmouth-Golfs dicht vor der Küste kreuzen. Wir sahen Fächerfische und Schwärme von Blaufischen, mehrere Haie und einen riesigen, kaum als Fisch identifizierbaren Zackenbarsch. Aus dem tiefen Blau am Fuß der Klippe tauchte er als dunkler Schatten auf und verfolgte den Fang eines Fischers. Der Mann hatte Mühe, seine Beute aus dem Wasser zu heben und die steile Felswand hinaufzuklettern, die etwa 80 Meter über dem Meer aufragt. Der Zackenbarsch erhob sich gemächlich zu dem verzweifelt um sich schlagenden Fisch. Er war etwa so groß wie ein Walbaby; als er sich seiner Beute näherte, schien die gesamte Wasseroberfläche im Umkreis von mehreren Metern in einem schäumenden Schwall in seinem riesigen, weit aufgesperrten Schlund zu verschwinden. Er drehte sich um und sank zurück in die Tiefe. Die Angelschnur des Fischers spannte sich jäh und riss.

Wir bogen ins Landesinnere ab, durch eine Landschaft mit hohen weißen Sanddünen, wo Emus ihre Küken im spärlichen Buschwerk vor den Blicken der kreisenden Keilschwanzadler versteckten, und umrundeten die riesige Shark Bay, um an den südlichsten Ausläufern des Weltnaturerbes Ningaloo, Quobba und Gnaraloo Station, an die Küste zurückzukehren. Von dort aus bewegten wir uns mühsam nordwärts durch die einzigartige Umgebung von Ningaloo.

Ohne lästigen Termindruck genossen wir einen der seltenen Momente von Freiheit im Leben, wenn ein Tag ohne alle Zwänge verläuft. Das machte uns jung, vital und überschwänglich, zu allem bereit. Wir kampierten wild am Meer, wählten die abgelegensten Campingplätze im Park, und die Nächte strahlten mit dem Geheimnis der Sterne um die Wette.

Das Riff verläuft zwar etwa parallel zur Küste, aber in unterschiedlicher Entfernung. An manchen Stellen ist es weniger als 100 Meter entfernt, während an anderen Stellen der weiße Brandungskamm, der sich über Untiefen bricht, mehrere Kilometer vom Strand entfernt ist. Das Wasser innerhalb seines schützenden Saums ist zwar ruhig, aber oft starken Strömungen ausgesetzt, da die Gezeiten durch Öffnungen im Riff drängen und einen Sog bewirken. Dieser einzigartig ruhige, aber gut durchspülte und belüftete Bereich ist ein marines Wunderland.

Steinkorallen jeglicher Art wachsen in solchem Überfluss, dass wir bei Ebbe nicht ins Wasser gingen, um ihre zerbrechliche Vielfalt nicht zu beschädigen, die bis zum äußersten Rand gedeiht, ehe der Meeresboden steil abfällt. In den unzähligen Winkeln, Ritzen und Verstecken, die ihr Wachstumswald bietet, tummelt sich ein Kaleidoskop vielfarbiger Meeresbewohner.

Im Morgengrauen zogen wir Masken und Flossen an und ließen uns mit unseren Kameras durch das warme Wasser und das einzigartige Universum von Ningaloo treiben, bis wir schließlich frierend und hungrig an Land gingen. Unter mit scharfschaligen Austern besäten erodierten Höhlen und Überhängen bewegten sich Schwärme großer blauer und gelber Diagonal-Süßlippen mit der Dünung pendelnd hin und her, wachsam die

Coral Bay, Westaustralien

Ein Paar kleiner Schiffshalter klammert sich an den Rücken eines Mantarochens. Er gehört zur Gruppe dieser größten Rochenart, die sich an der Außenriffkante des Ningaloo Reef südlich der Coral Bay in Westaustralien von Plankton ernährt.

Ningaloo Reef, Westaustralien

Ein Buckelwal-Kalb bleibt bei seiner Mutter, während beide nach Norden in die ruhigen Gewässer des Exmouth-Golfs ziehen, wo das Junge ausschließlich von der Muttermilch lebt und Fett ansetzt, bevor beide in die Antarktis zurückkehren.

Ningaloo Reef, Coral Bay, Westaustralien

Walhaie begegnen sich, während sie sich vom üppigen Korallenlaich und dem planktonreichen Wasser des Ningaloo Reef in der Coral Bay in Westaustralien ernähren.

Eindringlinge durch große Augen musternd. Schwärme von silberfarbenen Ährenfischen bildeten schimmernde, sich wandelnde Wolken; deren Bewegungen waren so nahtlos choreografiert, dass sie wie von langer Hand geübt wirkten. Im tiefen Wasser konnten wir nach gemächlicher Annäherung mit Schildkröten schwimmen und tauchen. Schließlich kamen wir ihnen so nahe, dass sie fasziniert ihr eigenes Spiegelbild im gewölbten Glas unserer Unterwasser-Kameragehäuse betrachteten.

Unsere Lieblinge waren jedoch die Kraken. Anscheinend herrschte Paarungszeit, denn sie waren nicht nur einzeln aktiv, sondern auch oft in Paaren und manchmal in Dreiergruppen anzutreffen. Sie glitten beweglich wie Gelee zwischen den Labyrinthkorallen umher und wechselten ihre Farben von Rot über Blassgelb bis hin zu reinem Weiß. Manchmal schien ihre Haut glatt, dann wieder imitierten sie so viele Texturen, dass sie völlig mit dem Korallenriff zu verschmelzen schienen. Der balzende Verfolger war stets vorsichtig und zurückhaltend und streckte einen Tentakel behutsam in Richtung seiner Partnerin aus, die ihrerseits schüchtern und zurückhaltend wirkte und ständig zurückwich. Einmal blieben wir fast zwei Stunden bei einem Paar, bevor der ausgestreckte Tentakel endlich akzeptiert und in die vielen faltigen Arme der Umworbenen gezogen wurde. Die beiden kamen sich in einer kleinen Sandkuhle in der Koralle näher, sie waren fast weiß mit rotbraunen Flecken um ihre starren Augen und auf dem sackartigen Mantel ihres Körpers.

Jenseits der Brecherzone des Riffs, wo der Meeresboden langsam abfällt, sind größere Lebewesen zu finden, darunter der größte Fisch der Welt: eine Haiart.

Als ich vor der Coral Bay in der Strömung trieb und darauf wartete, wieder von unserem Boot aufgenommen zu werden, spürte ich einen aus der Tiefe kommenden Schatten, einen Strudel an der Oberfläche. Ich sah ins Wasser. Ein Walhai schwamm genau auf mich zu. Zum Wegschwimmen blieb keine Zeit. Ich drehte mich auf den Rücken und tauchte unter, wobei ich mich – mit der Kamera auf dem Bauch – leicht rückwärts bewegte. Der Walhai kam ganz nah, blickte direkt in die Linse und füllte dann den Sucher mit seinem dunklen gefleckten Körper. Ich wendete meinen Blick von der Kamera ab und beobachtete, wie er in der Ferne verschwand. Als ich auftauchte, um nach Luft zu schnappen, konnte ich meinen Puls im Ohr hören.

Kurioserweise ziehen die Korallen am Ningaloo Reef die Walhaie an. Zwischen März und Juli, meist etwa eine Woche nach Vollmond, laichen die Korallen und setzen Millionen winziger Eier frei, die im Meer treiben. Ungeachtet der winzigen Eigröße bildet der Laich dichte Wolken im Wasser. Walhaie sind Filtrierer und haben kein Gebiss. Anstatt Beute zu jagen und anzugreifen, nutzen sie ihr breites Maul und ihre Kiemenreuse, um Plankton, Krill, Korallenlaich und andere winzige Meeresorganismen aus dem nährstoffreichen Meerwasser zu filtern. Mantarochen, die größten ihrer Art im Ozean, ernähren sich genauso. Wo man Walhaie findet, findet man auch Mantarochen und umgekehrt, denn beide werden von derselben Nahrungsquelle angezogen.

Sind schon Walhaie beeindruckend, dann nötigen mir Mantarochen Bewunderung ab. Trotz ihrer Größe – Riffmantas haben oft eine Spannweite von fünf Metern oder mehr und ozeanische Riesenmantas erreichen eine Spannweite von sieben Metern und wiegen mehr als zwei Tonnen – sind sie wie Elefanten und Wale von Natur aus gutartig. Aus Sicht des Menschen gibt es keinen Grund, sie zu stigmatisieren, nur um seine Macht durchzusetzen. Die Tiere sind gesellig und finden sich oft zu Gruppen, manchmal sogar zu richtigen Flotten zusammen. Für mich sind sie vor allem anmutige und schöne Schwimmer. Einen Manta unter Wasser zu beobachten ist, als ob man im Geist anschwellende Geigenmusik hört. Wie ein riesiges schwarzweißes Segel, das sich in einer ruhigen Brise wiegt, gleiten sie mühelos durchs Wasser. Es gibt nichts Abruptes, Kantiges in ihren Bewegungen. Sie wenden fast auf der Stelle, mit nach innen gebogenen Flügelspitzen, fließend, lautlos. Und wenn sie inmitten dichter Planktonschwärme eine Fassrolle vollführen, wird mir vor Freude schwindlig.

Währenddessen wartete in den tiefen Gewässern jenseits des Riffs ein weiteres Schlüsselerlebnis auf mich. Ich schwamm allein nach einer Stunde im Wasser langsam zu unserem Boot zurück, als ich Wale hörte. Die Außenkante des Ningaloo Reef ist eine Wal-Autobahn. Zwischen Mai und August sollen bis zu 40 000 Wale hier entlang zu ihren Kalbungs- und Brutgebieten vor der nordwestlichen australischen Küste ziehen. Deshalb ist es nicht ungewöhnlich, dass man unter Wasser Walgesänge vernimmt. Diese Laute waren jedoch intimer, mehr Quietschen und Rumpeln als Pfeifen und langgezogene Töne.

An der Wasseroberfläche sah ich mich um. Keine 30 Meter von mir entfernt sah ich einen Blas und knapp daneben streckte ein Kalb seine Schnauze in die Nachmittagsluft. Beide Tiere kamen direkt auf mich zu. Ich suchte unter Wasser nach ihnen. Als im Trüben ihr unverwechselbarer dunkler Schatten am Rand meiner Sichtweite auftauchte, atmete ich so tief ein wie möglich und tauchte ab.

Deutlich sah ich, wie sie langsam direkt auf mich zuschwammen. In etwa zehn Metern Tiefe ging ich in die Senkrechte und erwartete sie. Die Mutter wich nicht einmal aus, sie wurde nur langsamer, bis sie weniger als zehn Meter von mir entfernt verharrte. Ihre riesigen Brustflossen hingen locker in Richtung des nahen Meeresbodens, ihr Schwanz war leicht angehoben, als wolle sie ihr junges Kalb schützen, das direkt über ihrem breiten Rücken schwamm. Zu hören waren Quietschlaute, leises Grummeln und ein einzelner kurzer Pfiff. Sprachen sie über mich? Mir pochte das Herz in der Brust. Meine Luftröhre verkrampfte sich, weil ich atmen musste. Schnell die Einstellungen meiner Kamera prüfen, ein paar Bilder machen und dann an die Oberfläche schwimmen. Ich schnappte zwei- oder dreimal nach Luft und tauchte dann wieder ab. Aber sie zogen weiter, und obwohl ich eine Zeit lang neben ihnen schwamm, war die Gelegenheit vorüber. Ich blieb zurück und beobachtete sie, bis sie vom Blau verschluckt wurden.

Am Ende unseres Aufenthalts im Weltnaturerbe Ningaloo verbrachten wir eine Nacht auf dem höchsten Punkt der zerklüfteten Cape Range. Mit dem Fernglas konnte ich in den ungewöhnlich ruhigen, vom Sonnenuntergang beschienenen Gewässern des Exmouth-Golfs die Blaswolken der Wale ausmachen. Im Nordwesten zeigte sich die glühende Aura der Industrie am dunkler werdenden Himmel. Sie erinnerte beklemmend an die menschliche Welt. Zwar wurde Ningaloo zum Weltnaturerbe erklärt, aber der Exmouth-Golf, ein so wesentlicher Bestandteil dieses außergewöhnlichen Reichs, ist vorerst ausgenommen, weil die Menschen ihm einen anderen Zweck zugedacht haben.

Ich hörte mich in der Dunkelheit seufzen. Unglaublich, dass all der Reichtum, den wir in den letzten Monaten erlebt hatten, als entbehrlich gelten konnte. Warum kann ein dauerhafter Wohlstand für alle Generationen, Menschen und Lebewesen nicht annähernd den materiellen Reichtum aufwiegen, den ein paar Öl- und Gasunternehmen in einem winzig kurzen Abschnitt der Erdgeschichte erlangen würden?

Eine Szene in Tim Wintons Dokumentarfilm *Ningaloo Nyinggulu* zeigt eine ältere Aborigine-Frau, die eine Höhle besucht, die ihrem Volk seit Jahrhunderten als Zuflucht dient. Zur Begrüßung singt sie ein Lied. Seine Bedeutung war klar, obwohl ich die Worte nicht verstand: ein Ruf in die Vergangenheit, ein Winken in die Gegenwart, ein Ausdruck von Wertschätzung und Sehnsucht. Zwischen Wohlklang und Schrei sprach das Lied vom Riss der Traurigkeit und auch von der Wiedersehensfreude bei der Rückkehr an einen Ort, der Vertrautheit und Gemeinsamkeit ausstrahlt. Und am Ende spürte ich Entschlossenheit, das Wissen, dass sie und ihre Vorfahren durch alle Zeiten hindurch zu diesem Ort gehörten, und so wie sie ihn behandelten, so behandelte er sie. Deshalb ehrten und heiligten sie ihn.

S. 86–87
Schwarzpfoten-Felskänguru, Yardie Creek, Westaustralien

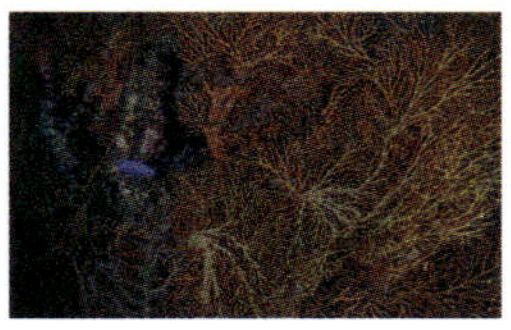

S. 88–89
Neon-Demoiselle an einer Fächerkoralle, Ningaloo Reef, Westaustralien

S. 90–91
Riesenzackenbarsch und junge Schwarzgoldene Pilotmakrelen, Exmouth-Golf, Westaustralien

S. 92–93
Großaugen-Stachelmakrelen, Exmouth-Golf, Westaustralien

S. 94–95
Walhai mit jungen Schwarzgoldenen Pilotmakrelen, Ningaloo Reef, Westaustralien

S. 96
Weißaugenmuräne, Ningaloo Reef, Westaustralien

S. 97
Feuerseeigel, Ningaloo Reef, Westaustralien

S. 98–99
Buckelwal mit Kalb, Ningaloo Reef, Westaustralien

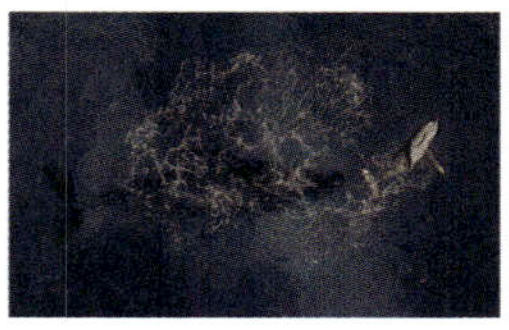

S. 100–101
Buckelwal und Kalb beim Spielen, Ningaloo Reef, Westaustralien

S. 102–103
Emu mit Küken, Steep Point, Edel Land National Park (in Planung), Westaustralien

Nachsatz
Grüne Schwalbenschwänzchen, Ningaloo Reef, Westaustralien

ATLANTIK

JARDINES DE LA REINA, KUBA

Jacques-Yves Cousteau, der berühmteste aller Unterwasserforscher, soll bei einem Kuba-Besuch in den 1980er-Jahren so beeindruckt von der hiesigen Unterwasserwelt gewesen sein, dass er um eine Audienz bei Fidel Castro bat, um ihm darzulegen, welch außergewöhnlichen Schatz er entdeckt hatte. Castro fand die Begeisterung des berühmten Tauchers für den unberührten Zustand der kubanischen Riffe so ansteckend, dass er eine Landkarte hervorholte und seinen Besucher bat, ihm zu zeigen, was er meinte. Cousteau zeigte auf eine Sichel aus Inseln und Riffen entlang der südwestlichen Küste Kubas: die Jardines de la Reina.

»Hier?«, fragte Castro. Cousteau nickte. »Das Ganze?«, fragte Castro und fuhr mit dem Finger von der nordwestlichen Spitze der Inselkette bis zu ihrem südöstlichsten Punkt, eine Strecke von etwa 175 Kilometern. Cousteau hob seine berühmten buschigen Augenbrauen, legte den Kopf zur Seite und nickte.

Castro nahm einen Bleistift, zeichnete ein grobes Rechteck um das Gebiet und klopfte mit der Hand auf die Karte.

»Erledigt!«, rief er. »Dorthin geht niemand. Niemand! Ich danke Ihnen, Monsieur Cousteau, für Ihren Beitrag zu unserem Land. Der Schutz unserer Naturschätze ist eine nationale Priorität.«

So gern ich diese schöne Geschichte auch erzähle, sie entspricht nicht ganz der Wahrheit. Die Jardines de la Reina, zu Deutsch »Gärten der Königin«, wurden von Christoph Kolumbus während seiner zweiten Reise nach Amerika im Jahr 1494 zu Ehren seiner Gönnerin, Königin Isabella I. von Spanien, benannt. Ob sie je erfuhr, dass ihre marinen Gärten von gesunden Haifischschwärmen bewacht wurden und nicht von Heiden, die sie zum Katholizismus zu bekehren hoffte?

Cousteau besuchte Kuba erst Mitte der 1980er-Jahre. Obwohl seine Begeisterung für die Jardines nicht belegt ist, steht fest, dass er mit Fidel Castro zusammentraf und nach der Erkundung des kubanischen Meeres für dessen Schutz eintrat. Es liegt nahe, dass Cousteaus Besuch noch nachwirkte, als die autoritäre kubanische Regierung ein Jahrzehnt später, 1996, die Jardines de la Reina zum Nationalpark erhob.

Unabhängig von der Geschichte trifft der Name Jardines de la Reina zu. Der Archipel ist außergewöhnlich, sowohl in seiner bemerkenswerten und intakten Vielfalt als auch in seiner Erhaltung bis heute. Von fast allen anderen Lebensräumen in der Karibik blieb aufgrund von Raubbau und unkontrollierter Bautätigkeit kaum ein Bruchteil ihres früheren Umfangs übrig. Die Jardines de la Reina gehörten zu den unberührtesten Meeresgebieten, die wir während unserer fast vierjährigen Reise in die entlegensten Winkel der Erde auf der Suche nach ökologisch unberührten Meeren und Küsten vorfanden.

In den Jardines gibt es keine Ansiedlung. Die menschliche Präsenz beschränkt sich auf eine überschaubare Anzahl von Bootstouristen, für die Tauchen und Fliegenfischen die einzigen verfügbaren Aktivitäten sind. An der Oberfläche sind die Jardines eine Kette von flachen Inseln, eintönig grün, hier und da mit Stränden oder zerklüfteten Korallensäumen, ohne eine einzige Erhebung oder einen Hügel in Sicht. Es ist heiß und feucht, Mangrovenland mit einem Labyrinth aus Kanälen und von Inseln gesäumten Lagunen.

Zieht man jedoch Maske und Flossen an und taucht im warmen Wasser der Jardines, fühlt man sich in die Zeit von Kolumbus zurückversetzt. Keine industrielle Verschmutzung, die die Korallen oder die kaleidoskopartigen Fischschwärme vergiftet. Keine ekeligen Ablagerungen aus der Landwirtschaft auf dem Meeresboden, die das Wasser trüben. Keine Reste von Netzen oder Leinen, die sich im Riff verfangen. Selbst fantasievolle Literaten hätten sich ein solches Wunderland kaum ausdenken können.

Riesige Vasenschwämme, die schon vor Kolumbus hier waren, erinnern mich an die uralten Affenbrotbäume Afrikas; sie sind über die Riffe und den Meeresboden verteilt. Bunte Fische mit großen Augen verstecken sich in ihrem schützenden Schlund. Silberne Tarpune treiben in den Mündungen dunkler Höhlen, wo schlanke Ranken roter Korallen wie vergessener Weihnachtsschmuck hängen. Schemenhaft verharren dicke Riesenzackenbarsche inmitten von schwankendem Meeresfarn, ihre Augen schwenken nach oben zur vorbeiziehenden Prozession der Haie.

Niemals zuvor oder danach erlebten wir eine solche Dichte an Haien: Karibische Riffhaie, Seidenhaie, Zitronenhaie, Schwarzspitzenhaie, Ammenhaie und Hammerhaie. Immerzu musterten sie uns, oft in einer Anzahl, die unsere kleine Gruppe von Tauchern bei Weitem übertraf. Als wichtigstes Raubtier im Ozean sind Haie ein Gradmesser für den Gesundheitszustand eines bestimmten Orts im Meer. Damit sie überleben können, müssen auch alle anderen Lebewesen in der Nahrungskette überleben, von winzigen Garnelen bis hin zu riesigen Barrakudas und großen Schnappern.

In den Jardines gibt es allerdings etwas, das nicht einmal Haie angreifen. Wir kamen eigens deswegen hierher. Ein Reptil, fast so alt wie die Zeit selbst, aber vom Menschen so verfolgt, dass es aus der Karibik völlig verschwunden ist, mit Ausnahme eines einzigen Salzwassersees in Haiti, der unwirtlichen Sümpfe im Süden Jamaikas, der abgelegenen Küsten von Belize und hier in den Jardines de la Reina: das Spitzkrokodil.

Krokodile sind ein uraltes Erbe der Evolution und tauchten erstmals vor etwa 200 Millionen Jahren auf der Erde auf. Der Vorfahre der heutigen Krokodilfamilie entstand vor etwa 95 Millionen Jahren. Nicht unbedingt eine moderne Lebensform, aber evolutionär so erfolgreich, dass die Gattung sich kaum verändern musste, um die klimatischen und landschaftlichen Veränderungen auf der Erde in dieser langen Zeitspanne zu überleben.

Sie sind eine bemerkenswerte Finesse in einer evolutionären Nische, träge und kaum geneigt, durch Bewegung Energie zu verbrauchen, aber sie sind blitzschnell im Angriff. Sie sind Meister der Tarnung, indem sie sehr lange unbeweglich bleiben und das Wasser nutzen, um ihre Annäherung zu verbergen. Wenn nur ihre Augen und Nasenlöcher über die Wasseroberfläche ragen, wie vier kleine, zufällige Luftblasen oder kleines Treibgut, dann täuscht dies über das wahre Ausmaß der Gefahr hinweg. Wie alle wilden Kreaturen, die auf den Menschen Jagd machen, fürchten und verabscheuen wir sie. Und deshalb verfolgen wir sie gewissenlos.

Kein Denkmal erinnert an die Krokodile, die aus der Karibik verschwanden. Jäger töteten in der ersten Hälfte des 19. Jahrhunderts Zehntausende Spitzkrokodile unter dem Vorwand, dass ihr Leder wertvoll sei. Kein Protest rührte sich. Eher war das Gegenteil der Fall. Sonne und warmen Ozean können wir besser ohne sie genießen. Erst als die Krokodile extrem selten wurden, änderten die Menschen ihre Haltung und versuchten, sie zu schützen, obwohl die meisten es lieber sähen, wenn die Tiere ganz aus dem sonst so verlockenden tropischen Hinterhof verschwänden.

Die Kurve im Evolutionsprozess der Krokodile muss steil verlaufen sein, als sie lernten, mit dem Menschen zu überleben. Sie lebten fortan wachsamer, zurückgezogener und nachtaktiver. In den Jardines sind diese Eigenschaften trotz fast einer Generation unter Schutz noch immer tief verwurzelt. Wir bemühten uns, die Tiere zu finden. Sie gehören zu den charakteristischen Arten der Jardines de la Reina, und ihr Vorkommen unterscheidet diesen Archipel im Karibischen Meer von seinen Nachbarinseln. Zwei Wochen lang überredeten wir unseren Bootsskipper und unseren Tauchguide, uns jeden Tag zur Suche nach Krokodilen in die Mangroven zu bringen und zwar in den Pausen zwischen unseren Tauchgängen am Morgen und am Nachmittag. Wir fanden Beweise für ihre Anwesenheit. Frische Spuren an einem kleinen Strand, die Überreste einer frisch getöteten Schildkröte auf einer Sandbank. Trotz der intensiven Suche durch fünf bis acht Augenpaare entgingen sie uns Tag um Tag. Jedes Mal, wenn wir uns dem Mangrovenlabyrinth näherten, blieben wir erfolglos.

Um uns von unserer vergeblichen Suche zu erholen, schnorchelten wir in den unzähligen engen und verschlungenen Kanälen. Sie waren

Jardines de la Reina, Kuba

Schulmeister-Schnapper über Weichkorallen.

Jardines de la Reina, Kuba
Der Schwarze Zackenbarsch fügt sich aufgrund seiner Färbung nahtlos in seine Umgebung ein.

Jardines de la Reina, Kuba
Ein Spitzkrokodil ruht getarnt auf einem Bett aus Seegras inmitten der dichten Mangrovenwälder.

außergewöhnlich, eine Kinderstube des Lebens. Die wurstdicken Wurzeln der Mangroven, kastanienbraun und mit glatter Rinde, standen wie Stelzen im seichten Wasser und bildeten Höhlen, die so faszinierend waren wie die Vorzimmer eines schaurigen Schlosses. Tang hing in schlaffen Ranken wie Bartmoos herab, und wenn sich die Augen nach dem hellen Tag erst einmal an den tiefen Schatten gewöhnt hatten, erkannte man eine Schar junger Fische, die zwischen den schützenden Wurzeln des Walds furchtsam die Eindringlinge beäugten. Es war ein Mikrokosmos des tiefen Ozeans.

Schwärme von hellhäutigen Jungfischen strömten wie ein silbernes Band aus dem Schatten in das schmale offene Wasser eines Kanals, um nach Nahrung zu jagen, die zu winzig war, um sie zu sehen. Sobald sie sich bedroht fühlten, zogen sie sich blitzartig in das schützende Wurzelwerk zurück. Zwischen den Kelpwiesen der größeren Kanäle versteckten sich kleine Rochen unter Sandschichten, nur ihre Augen traten hervor. Ansammlungen von wunderschön gefleckten und gestreiften schwarz- und cremefarbenen, desserttellergroßen Quallen pulsierten kopfüber auf dem Sand, wo der Tang nur spärlich wuchs. Fingergroße, mattgelb glänzende Schnapper tummelten sich in lockeren Schwärmen zwischen den Mangrovenwurzeln und zupften winzige Krabben und Garnelen aus dem schlammigen Boden. Am Eingang der tieferen Hauptkanäle warteten kleine Barrakudas und Stachelmakrelen an der Kreuzung darauf, dass die Flut die winzigen Bewohner aus ihrem Zufluchtsort ins tiefe Wasser spülte.

Aber wir sahen keine Krokodile. Nach zwei Wochen Suche wurde ich langsam mutlos. Die letzte Stunde unseres letzten Tages verging wie im Flug. Es war ein perfekter Tag, die Sonne warm, das Wasser klar, aber ich war enttäuscht. Ich kletterte zum Außensteuer, um besser zu sehen. Der tiefe Kanal, in dem wir angehalten hatten, war bis auf den Seegrasbewuchs am Boden klar. Ich konnte über die Kronen der Mangroven hinweg in die mäandernden kleineren Kanäle sehen. Nichts zu erkennen.

Der Kapitän neben mir wurde nervös. Er sah mich fragend an. Ich schürzte meine Lippen und seufzte tief, blickte zu Boden und schüttelte den Kopf. Er startete die Motoren, und tiefe Niedergeschlagenheit machte sich in mir breit. Als das Boot aufs Meer zusteuerte, griff ich nach der Reling, um mich abzustützen. Eine Bewegung wirbelte an der Seite des Bootes herum. Irgendwie durchdrang sie den Nebel meiner Verzweiflung. Ich sah genauer hin.

»Kroko«, rief ich. »Krokodil!«

Ich ergriff den Arm des Kapitäns und deutete wild auf das Wasser neben uns. Er stellte die Motoren ab. Wir trieben gespannt in die Stille, alle Augen aufs Wasser gerichtet. Das Krokodil tauchte zehn Meter entfernt auf, im seichten Uferbereich des Kanals.

Ich kann mich nicht erinnern, die steilen Stufen hinuntergestiegen zu sein. Ich kramte nach meinen Flossen und meiner Kameraausrüstung und flüsterte Beverly zu, sie solle das Krokodil im Blick behalten. Vom Bootsheck aus senkte ich meine Beine ins Wasser, überprüfte meine Kameraeinstellungen und griff nach der Maske, die mir der Tauchguide hinhielt. Er zog sie weg. Ich blickte ihn verzweifelt an. Er wedelte mit dem Finger.

»Langsam, langsam«, sagte er. »Ganz langsam.«

Er hatte recht. Ich holte tief Luft und beruhigte mich. Er reichte mir die Maske.

»Von vorn, Pedro«, sagte er in gemessenem Ton. »Nicht von der Seite.«

Ich sah ihn an.

»Von der Seite.« Er deutete mit Hand und Unterarm die Bewegung eines bösartigen, seitwärts zuschnappenden Bisses an. *Muy peligroso* (sehr gefährlich).

Ich erinnere mich, dass mein Freund Brad Bestelink, der in Afrika Pionierarbeit beim Filmen von Krokodilen unter Wasser leistete, mir erzählte, dass er, um das Risiko so gering wie möglich zu halten, wartete, bis die Wassertemperatur unter 16 °C fiel, denn dann würden die Krokodile lethargisch und nicht mehr jagen. Ich befand mich in den Tropen. Die Wassertemperatur betrug 28 °C.

Ich holte tief Atem, atmete langsam aus und glitt geräuschlos ins Wasser. Ich spülte mir die Trockenheit aus dem Mund und drückte mich an die Bootswand, um so unauffällig wie möglich zu bleiben, und bewegte mich vorwärts. Ich befand mich auf gleicher Höhe mit Beverly am Bug. Sie deutete auf das Krokodil. Ich hob meinen Mund aus dem Wasser.

»Wie weit?«

»15 Meter«, flüsterte sie nervös.

Ich tauchte ab, bis meine Augen auf Höhe der Oberfläche waren, und versuchte, so lautlos wie möglich durch den Schnorchel zu atmen. Mit dem Kameragehäuse vor mir unter Wasser schwamm ich vom Boot weg und auf das Krokodil zu. Ich bewegte meine Flossen langsam und gleichmäßig. Nach zehn Metern sah ich es. Ein Paar glänzender Reptilienaugen. Bewegungslos, ruhig, beobachtend.

Kurz senkte ich den Kopf ins Wasser und überprüfte die Einstellungen meiner Kamera. Ich schwamm weiter und ließ meinen Blick langsam wieder über die Oberfläche schweifen. Nach fünf Metern verlangsamte ich meine Annäherung. Ich ließ mich treiben. Der Grund wurde flacher. Das Krokodil lag still in etwa einem Meter Wassertiefe. Ich konnte es deutlich unter der Wasseroberfläche sehen. Der Großteil seines Körpers lag auf Grund, der Vorderkörper war angehoben, der Kopf befand sich knapp unter der Wasseroberfläche, nur Augen und Nasenlöcher waren zu sehen. Unter Wasser wirkt alles um etwa ein Viertel vergrößert. Mit einer Länge von fast vier Metern und einer Breite von etwa einem halben Meter ragte das Tier vor mir auf. Adrenalin durchflutete meine Adern, ich hörte meinen Puls.

Ich blickte in seine Augen und näherte mich. Die Augen waren grün und gelb, wie seine Schuppen, mit einem vertikalen Pupillenschlitz. Nach etwa drei Metern richtete das Krokodil sich leicht auf, mir frontal gegenüber, und wirbelte eine kleine Schlammwolke vom Boden auf. Ich streckte die Kamera bis zur vollen Armlänge aus und machte blindlings ein paar Fotos, wobei ich das Tier die ganze Zeit im Auge behielt, um seine Reaktion abzuschätzen.

Ich hörte etwas im Wasser hinter mir, Schnorcheln. Ein anderer Taucher war im Wasser. Das war meine Chance. Mit der freien Hand griff ich nach unten und zog mich an einem Büschel Seegras näher heran. Das Krokodil starrte mich an, ohne zu blinzeln. Ich griff wieder vor mich. Nur noch wenige Meter von seinem Maul entfernt, hatte ich das Gefühl, meinen Arm als lebenden Köder auszustrecken. Ich atmete so leise wie möglich, füllte meine Lungen und zog mich unter Wasser vorwärts. Das Krokodil sank auf mich zu und wirbelte mit seiner Bewegung den Schlick auf. Ich drückte einmal auf den Auslöser der Kamera, hob das Gehäuse leicht an, bis es über der aufsteigenden Schlammwolke lag, und machte zwei weitere Aufnahmen. Ich hörte den anderen Taucher näher platschen. Als ich ein letztes Mal auf den Auslöser drückte, wirbelte das Krokodil erschreckend schnell auf seinem Schwanz herum und tauchte in einem explosiven Wasserschwall, der die Bootsinsassen für einen Moment im Ungewissen ließ, in die Tiefe ab.

Ich blieb untergetaucht und sah zu, wie es verschwand. Ein Druck auf die Wiedergabetaste. Ein, zwei Bilder und ich sah, was ich mir erhofft hatte. Ich tauchte auf und mein adrenalingeladener Freudenschrei hallte von den Mangroven wider. Wir waren für ein einzigartiges Bild um die halbe Welt geflogen, und jetzt, in der letzten Minute des letzten Tages, war unser Wunsch in Erfüllung gegangen.

Die selbst in Fachkreisen aufgrund ihrer politischen Isolation fast unbekannten Jardines de la Reina sind ein leuchtendes Beispiel für eine großartige Erde, die für viele nur noch eine Erinnerung oder gar etwas Vergessenes oder bereits Aufgegebenes ist. Dies erfüllt mich mit einem akuten Sehnsuchtsschmerz und – wie eine einzelne ferne Kerze in der stockdunklen Wüstennacht – mit einem Anflug von Hoffnung.

S. 104–105
Piapara-Schwarm und Weichkorallen,
Jardines de la Reina, Kuba

S. 106–107
Uralter Karibischer Vasenschwamm,
Jardines de la Reina, Kuba

S. 108–109
Karibische Riffhaie,
Jardines de la Reina, Kuba

S. 110–111
Karibischer Riffhai,
Jardines de la Reina, Kuba

S. 112–113
Schwarm Weißer Grunzer,
Jardines de la Reina, Kuba

S. 114
Riesenzackenbarsch,
Jardines de la Reina, Kuba

S. 115
Braune Riffbarsche und Kreolen-Lippfische
mit Vasenschwamm, Jardines de la Reina, Kuba

S. 116–117
Mangrovenwurzeln und Seegras
mit Jungfischschwarm,
Jardines de la Reina, Kuba

S. 118–119
Spitzkrokodil,
Jardines de la Reina, Kuba

S. 120–121
Karibische Riffhaie,
Jardines de la Reina, Kuba

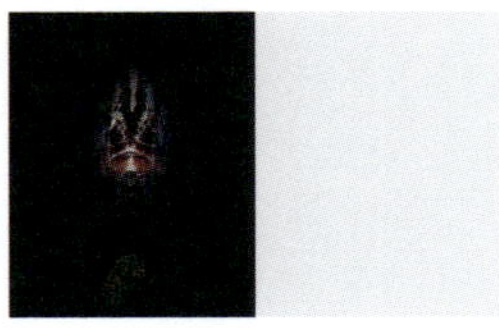

S. 122
Nassau-Zackenbarsch,
Jardines de la Reina, Kuba

S. 123
Blaurücken-Stachelmakrelen und Weichkorallen,
Jardines de la Reina, Kuba

S. 124–125
Langstachelhusar vor Korallen,
Jardines de la Reina, Kuba

S. 126–127
Karibischer Vasenschwamm und Blaukopf-Junker,
Jardines de la Reina, Kuba

S. 128–129
Feenbarsch vor Korallen,
Jardines de la Reina, Kuba

S. 130
Schiffshalter,
Jardines de la Reina, Kuba

S. 131
Schulmeister-Schnapper,
Jardines de la Reina, Kuba

S. 132–133
Westatlantische Trompetenfische,
Jardines de la Reina, Kuba

S. 134–135
Kubaleguan,
Jardines de la Reina, Kuba

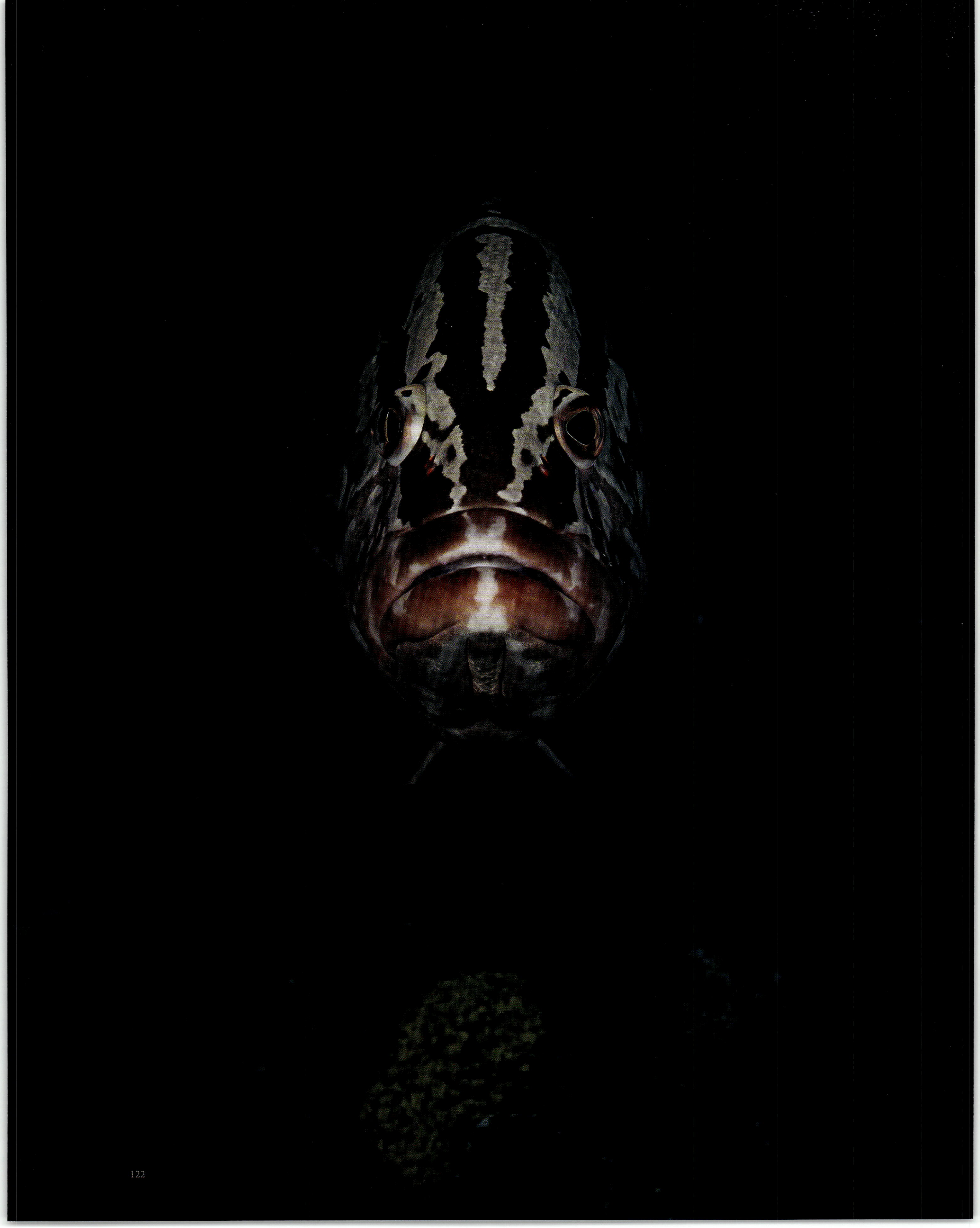

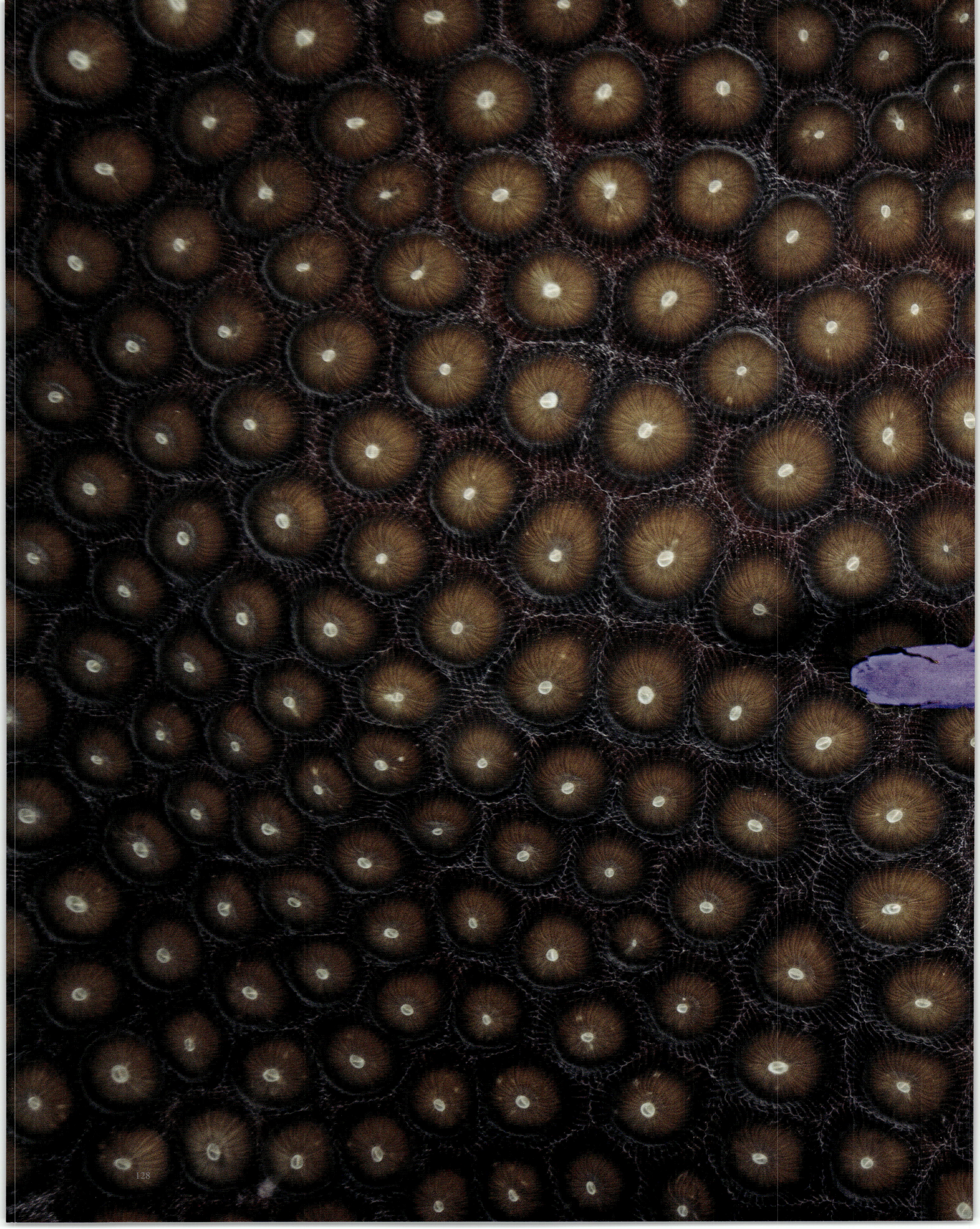

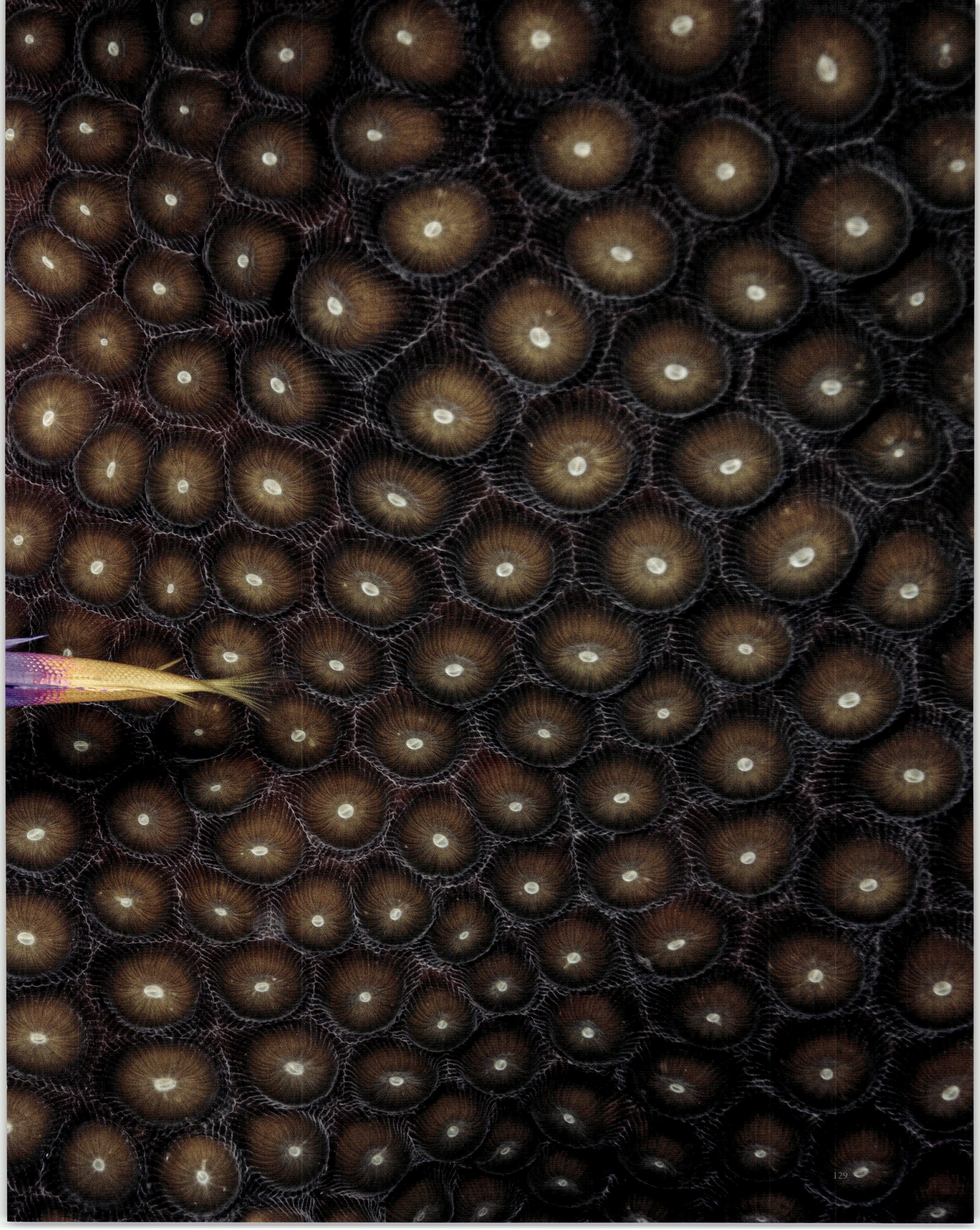

NORDPAZIFIK

BRITISH COLUMBIA, KANADA, UND ALASKA, USA

BRITISH COLUMBIA, KANADA

Eine Windböe ließ die Bäume erzittern. Ein Blatt fiel herab und schwere Tropfen prasselten auf meinen Kopf. Ich zog mich tiefer in meinen warmen Kokon zurück, aber meine Augen folgten dem Blatt. Es landete auf einem glatten nassen Felsen, ehe plätscherndes Wasser es mitnahm. Etwas leuchtend Grünes purzelte in eine Pfütze und verschwand unter der silberglänzenden Oberfläche. Ich wartete.

Es war nicht so geplant, es passierte einfach so. Die Welt war in diesem Moment eine Kathedrale aus Grün, in der ein Strom aus torfigem Wasser das Unmittelbare darstellte, während sich mein Sichtfeld zum Rand hin verengte. Die Stille war nur scheinbar. Der Bach plätscherte, der Wind seufzte in den Ästen, ein Rabe rief leise und geschmeidig.

Ein Lachs strandete plätschernd im seichten Wasser und schlug kurz gegen die Steine. Verwesende Artgenossen lagen am Ufer, Bären hatten ihre Köpfe abgefressen. Weitere Lachse tummelten sich im tiefen Becken, ihre Flossen hoben sich hier und da und erzeugten an der glatten, spiegelglatten Oberfläche kleine Wellen. Auf Nuancen horchend wartete ich ab.

Außer der Gegenwart gab es keine Zeit. Ich wusste und spürte, dass ich nicht allein war. Meine Augen waren unbeweglich, sie blickten, ohne zu sehen. Die Begrenztheit dieser Welt war mir unmittelbar bewusst, ich war sensibel für jede Bewegung. Es gab sie. Sie hatten den Sand gezeichnet, Gras zertrampelt, die Gehirne der Lachse mit einem einzigen Biss gefressen. Ich wartete.

Eine kleine Bewegung im Wald hinter mir ließ mich den Kopf wenden, aber es war nur William Robinson, der seine Position auf den moosbewachsenen Felsbrocken am Flussufer veränderte. Er war heute unser Führer im straßenlosen Great Bear Rainforest an der Küste von British Columbia in Kanada. Mir gefiel, wie er – trotz seiner Jugend – mit der Wildnis so vertraut war, dass er sich wie ich darin wohlfühlte. Achtsam, aber frei von Furcht. Er reagiert auf Nuancen, eine Veränderung im Wind, den kurzen Alarmruf eines unsichtbaren Vogels, den Klang des Flusses, wenn etwas ins Wasser watet. Wer aus einer menschlich geprägten Umgebung kommt, dem ist diese Sprache völlig fremd. Ich stamme aus den heißen Savannen Afrikas, und William, der halb so alt ist wie ich, aus der feuchtkalten Umgebung des nordamerikanischen Regenwalds, aber wir lesen das Buch der Wildnis auf dieselbe Weise. Niemand muss es für uns übersetzen.

William gehört zur in Txalgiuw (Hartley Bay) ansässigen Gitga'at First Nation. Über kulturelle Abgrenzungen wie die Gitga'at und Heiltsuk First Nation erfahre ich gerade mehr. Es ist so, als bezeichnete man Nelson Mandela als Thembu-Clanältesten vom Dorf Mvezo der Xhosa-Nation, anstatt zu sagen, dass er ein Südafrikaner war.

Auf der Jacht, auf der wir die Küstenregionen des Great Bear Rainforest erkundeten, trafen wir Heather Menzies, eine kanadische Schriftstellerin. In ihrem Buch *Meeting My Treaty Kin: A Journey Toward Reconciliation* lese ich:

> Ich erkannte, um wie viel reicher mein Leben wäre, wenn ich in den Raum des »Wir« einträte, die gemeinsame Menschlichkeit akzeptieren und zugleich die kulturellen Besonderheiten respektieren würde. Unsere Geschichten, so unterschiedlich sie auch sein mögen, überschneiden sich – jede bereichert die andere und schafft ein Gefüge gemeinsamer Zugehörigkeit.

William Robinson, der still hinter mir verharrte, profitierte von dieser Perspektive. Selbstbewusst nahm er seinen Platz zwischen den Dingen ein; er war sich nicht nur seiner Fähigkeiten in der Wildnis sicher, sondern kannte auch ihre Bedeutung; das machte ihn mir schnell sympathisch. Er stupste mir mit der Fußspitze in den Rücken. Ich wandte mich um, er berührte mit dem Zeigefinger sein Ohrläppchen. Ich lauschte. Der Regen hatte aufgehört und im durch die Baumkronen wehenden Westwind konnte ich die

Katmai-Nationalpark, Alaska, USA

Ein Rotlachs schnellt durch die Untiefen des Funnel Creek.

klatschenden Taue unserer Jacht hören, die ein paar Hundert Schritte flussabwärts vor der Küste lag. Er sah mich fragend an, aber da ich nichts Ungewöhnliches hörte, schüttelte ich den Kopf. Mit einem Kopfnicken bedeutete er mir, ihm zu folgen.

»Ein Bär ist im Anmarsch«, sagte er leise, als wir uns zurück zur erhöhten Plattform des Beobachtungspostens aufmachten. Als der Bär gegangen war und meine Kamera wieder auf der rauen Holzbank lag, stellte ich mich neben William, der am Geländer lehnte.

»Das war großartig«, sagte ich.

Er neigte den Kopf und lächelte.

»Dir gefällt es hier, nicht wahr?«

»Warum auch nicht?«, fragte er mit hochgezogenen Augenbrauen.

Ich wackelte mit dem Kopf und lächelte.

»Ich bin Gitga'at, das ist unser Haus.«

»Dich zieht es nicht in die Stadt, in die Gesellschaft?«

»Manche vielleicht, aber mich nicht. Im Herzen bin ich Gitga'at.« Er klopfte sich auf die Brust. »Durch und durch.«

»Du hast es zweimal gesagt: ›Ich bin Gitga'at.‹ Was heißt das? Abgesehen davon, dass du zum Volk der Gitga'at gehörst?«

»Hmm.« Er hielt inne und blickte zu Boden. »Schwer zu sagen. Man wird in etwas hineingeboren. Es fließt in dir wie Blut. Es ist das Land, diese Wildnis.« Er deutete mit der Hand zum Fluss und Wald hinüber. »Wir sind ein Teil von ihr und sie ist ein Teil von uns. Es ist kaum in Worte zu fassen, wenn man westlich denkt.« Er hielt wieder inne. »Es geht nicht darum, das Land zu schätzen oder zu achten, es ist eine unteilbare Zugehörigkeit. Ein ›Wir‹ und nichts Einzelnes.«

Ich ließ seine Gedanken eine Zeit lang sacken. »Du hast also den eindeutigen Auftrag, dich um das Land zu kümmern? Um die Wildnis?«, fragte ich und blickte ihn konzentriert an.

»Kümmerst du dich nicht um die Dinge in deinem Leben, die dich zu dem machen, was du bist?«

Ich musste lächeln und nickte zustimmend. Die Gitga'at First Nation schuf einen Präzedenzfall, der vorbildlich ist, der trotz der Nutzung die Landschaft seit Jahrtausenden unversehrt und vollständig beließ.

ALASKA, USA

Vor elf Jahren, bei der Arbeit an unserem Buchprojekt *Wildes Land* (dem Vorgänger dieses Buchs), kamen wir in Alaska bei Nieselregen im Hafen von Gustavus an. Das Land lag grau und farblos da, die Fernsicht war von einem dichten Schleier versperrt. Feuchtigkeit sammelte sich auf meinem Haar und an meiner Nasenspitze. Erschauernd stand ich auf, als ein Tropfen eisigen Regenwassers auf meinen Nacken fiel. Ich blinzelte in die Witterung und hinaus in die Landschaft, die wir erkunden wollten.

»Wie wird das Wetter?«, fragte ich den Hafenmeister.

Er nickte mit dem Kopf zu einem weißbärtigen alten Herrn hinüber, der – auf einen stämmigen Stock gestützt – auf uns zukam.

»Frag ihn. Er ist das lokale Orakel.« Als der Mann sich näherte, rief er ihm zu: »Der Kerl hier will wissen, wie das Wetter wird.«

Der Alte hielt inne, richtete sich leicht auf und sah mich dann direkt an: »Mein Junge, sieh hin. Sieh hin!«

Über ein Jahrzehnt später herrschte am westlichen Teil des Golfs von Alaska in Izembek dasselbe Wetter. Ich stand zusammengekauert gegen die feuchte Kälte auf einer schmalen Landzunge, bekannt als Grant Point, und blickte auf die weite Fläche der Izembek-Lagune im Izembek National Wildlife Refuge. Die Lagune lag glatt und makellos wie ein versilberter Spiegel da, der die monotone Palette des Himmels reflektierte.

»Sie müssten hier sein«, meinte mein Führer hoffnungsvoll, als wir an den Rand des steilen Abhangs gingen. »Der Wind weht seit 18 Stunden beständig aus Nordwest, und sie reiten wie auf einem riesigen Fließband aus der Arktis hierher.« Er hob seinen Feldstecher an die Augen. »Jawohl!«, sagte er.

Ich tat es ihm sofort nach. Der Anblick verschlug mir den Atem.

Es war der vorletzte Tag unseres Aufenthalts in Izembek. Bisher hielt ich die Gänse- und Entenschwärme, die zu den Bänken von Gewöhnlichem Seegras pilgerten, um hier zu weiden, für einen Mythos. Über uns zogen lange v-förmige Formationen schnatternder Gänse über den grauen Himmel, während wir am Boden kleine Gruppen von Spießenten und »Tümpelenten« (wie sie mein Führer nannte) ausmachten. Bei unserer Annäherung schreckten wir kleine Schwärme von Wasservögeln auf, die sich im Windschatten kleiner Inseln niedergelassen hatten. Dass sie den Himmel wie behauptet schwarz färbten, hatte sich bisher nicht bewahrheitet. Die weitläufige Gezeitenlandschaft, die von einem Bogen aktiver Vulkankegel umgeben ist, blieb ein unbeschriebenes Blatt – bis heute.

Die Veränderung war so dramatisch, dass ich zweimal durchs Fernglas sehen musste. Es schien, als wären die Untiefen der Lagune über Nacht mit schwarzen, Leben spendenden Samen übersät worden. Von unserem Aussichtspunkt aus wirkte es, als hätte eine riesige Hand unermesslich viele Getreidekörner in die silbergrauen Untiefen des Lagunenbogens geworfen. Im Objektiv des Fernglases erschienen erst Hunderte, dann Tausende, dann Zehntausende von Gänsen. Als ich den Blick abwandte, fuhr ich mir mit der Hand durchs Haar und schüttelte den Kopf. Die Verwandlung in einer einzigen Nacht war unglaublich, ein Wunder.

Mein Führer lächelte. »Schön, dass du das erlebt hast. Lassen wir das Boot zu Wasser.«

Beverly und ich gerieten an diesem Tag an den Rand der Erschöpfung. Nach dem Abendessen, im warmen Aufenthaltsraum der Lodge, zog ich mir einen Sessel in eine Ecke und nippte an einer heißen Schokolade, während ich den Gesprächen um mich herum lauschte.

In Cold Bay, einem abgelegenen Ort nahe dem Izembek National Wildlife Refuge, gibt es vier Veranstalter, die sich um Besucher:innen kümmern. Alle vier werben mit der Jagd und dem Angeln als Grund für einen Besuch in diesem Außenposten.

Während das warme Essen und die gemütliche Atmosphäre die körperliche Müdigkeit aus meinem Körper vertrieben, hörte ich interessiert den angeregten Gesprächen der Lodge-Gäste zu. Im Gegensatz zu uns waren sie hier, um zu fischen und zu jagen.

Am Tisch wurde lautstark darüber diskutiert, ob bei der Entenjagd die Verwendung einer Lockpfeife in Kombination mit Lockenten wirksamer sei als der bloße Einsatz von Lockenten. In den Sesseln neben mir unterhielten sich Angler über die Unterschiede zwischen den verschiedenen Lachsarten. Einer von ihnen saß wie ich nur da und betrachtete philosophisch das Glas in seiner Hand, bis ihm einer seiner Begleiter auf den Oberarm klopfte. »Kopf hoch, Preston«, meinte er strahlend. Morgen wird sich dein Glück wenden.«

Das erinnerte mich an Abende in meiner Jugend; der Boden draußen war kalt und überfroren, die Vorstehhunde und ich waren am Boden um den Kamin versammelt. Mein Vater und seine Freunde tranken im flackernden Licht des Feuers einen strammen Scotch und erzählten sich Geschichten, mit langen Pausen und einem schiefen Lächeln, wenn es um einen groben Patzer ging.

Etwas war jetzt anders, und ich lag in dieser Nacht im Bett und konnte es nicht ergründen. Die Antwort dämmerte mir erst langsam, während wir weiter durch Alaska und British Columbia reisten und einige der abgelegensten und ursprünglichsten Küsten der Welt erkundeten.

Dieser schleichende Erkenntnisprozess führte mich zum Naturschriftsteller Aldo Leopold, der mit inspirierender Einfachheit einen Angeltag am Fluss beschrieb. Wenn ich mich recht entsinne, kehrte er an diesem Tag mit nur einem einzigen Fisch, aber mit einem Kopf voller Eindrücke zurück. Das war es: Meine Naturerlebnisse lehrten mich ebenfalls, dass der Tag und nicht die Beute zählte.

Angesichts der langen wilden Küsten Alaskas und British Columbias beunruhigte mich die Umkehrung dieser Erkenntnis. Menschen kommen hierher, um zu töten, um der Landschaft etwas wegzunehmen. Auf dem Festland geht es nicht nur um die Tierwelt, sondern auch um die Gehölze an den Hängen und die Mineralien, die unter der kalten und oft gefrorenen Oberfläche liegen. Im Meer geht es nicht nur um den Reichtum marinen Lebens, sondern auch um den Abbau von Mineralien und fossilen Brennstoffen.

Wer Ernte, Fang oder Ausbeutung als Hauptgrund sieht, um in die Wildnis zu kommen, geht an dieser vorbei, behandelt sie als Nebensache und sieht sie nur als den ungezähmten Ursprung seiner Beute. Früher und vielleicht auch heute noch konnte dieses Paradigma Bestand haben, aber wie Bob Dylan sang: »The Times They Are A-Changin'«!

Zwei Dinge beunruhigen mich: die Fähigkeit der Erde, dem Ansturm auf ihre Wildnis und das damit verbundene Leben an Land und im Meer standzuhalten; und, noch viel gefährlicher, der Dominanzgedanke, nämlich uns auf Dauer unser Recht zu nehmen.

Ich wurde von einem Naturburschen zwischen Fliegenfischern und Wildvogeljägern aufgezogen. In Urlauben kauerte ich in der Dämmerung im feuchten Schilfgürtel und lauerte auf die ersten Entensilhouetten am dämmrigen Himmel. Oder ich spazierte fröhlich am Strand oder an einem plätschernden kristallklaren Bach entlang, überragt von hohen Bergen. Das tue ich immer noch gerne, nur ist mir zwischenzeitlich der Drang zum Töten abhandengekommen.

Als ich die Veranstalter, die Jäger und Angler in dieser abgelegenen und faszinierenden Wildnis führen, darauf ansprach, war ich überrascht, dass sie die gleiche Meinung vertraten. Alle äußerten eine wachsende Abneigung gegen das Töten. Beim Nachfragen kam heraus, dass der Grund dafür eher in der Menge der erlegten Tiere lag als im Tötungsakt selbst. Dies wurde zum Kern meines Anliegens.

Einheimische und Gäste beklagen oft das Verschwinden oder den chronischen Rückgang einer Fisch- oder Wildtierart. Dabei verweisen gerade diejenigen, die bei der Entnahme nicht nur ihren unmittelbaren Bedarf decken, sondern ausschöpfen, was zulässig ist, gerne auf Raubtiere oder natürliche Ursachen jenseits des menschlichen Einflusses.

Auf dem Weg von Izembek nach Osten entlang des weiten Bogens am Golf von Alaska, um das Schutzgebiet im Glacier-Bay-Nationalpark zu erkunden, stand ich wieder einmal am Gustavus-Dock, den Kopf gesenkt unter dem stetigen Prasseln des Regens. Ein Fangboot machte fest und die Leute stapften müde die Rampe hinauf.

»Wie war der Fang?«, fragte ich einen Mann in nasser Kleidung.

»Mmm.«

»Kein Fisch?«

»Zwei«, murmelte er. »Aber das ist nicht einmal die Hälfte meiner Lizenz für den Tag.« Gemeinsam blickten wir über die sägezahnartig steil ins silberglänzende Meer abfallenden Berge. »Vor mehr als zehn Jahren war ich zum ersten Mal hier. Paradiesisch. Jeder nahm 20 Fische pro Tag mit und das schafften wir locker. Wir flogen mit vollen Kühltaschen nach Hause.« Der Anflug eines Lächelns erschien auf seinem Gesicht, als er an die Vergangenheit dachte.

»Das ist jetzt anders?«, fragte ich ihn.

»Ja, ist es.« Er rieb sich das Kinn. »Das Fischen wurde schwieriger und dann wurde die Quote gesenkt. Aber das half nicht. Es wurden einfach immer weniger.« Er schüttelte den Kopf und blickte deprimiert auf seine Füße. »Sie haben sogar die Netzfischerei eingestellt. Stillgelegt, aus, Ende. Die Orcas machen ihnen zu schaffen. Die und die Seelöwen. Ich gehe mich warm und trocken anziehen.« Er drehte sich um und ging zu einem neben dem Steg geparkten Pick-up.

Ich blickte noch einen Moment lang auf das Meer, das jahrhundertelang einen unvorstellbaren Reichtum hervorgebracht hatte. Ein Reichtum im Gleichgewicht. Ein gewaltiger Fluss des Lebens, der in der Stille des Walds entsprang, zum Meer wanderte und Jahre später zurückkehrte, um den Kreislauf fortzusetzen und Forellen, Bären, Wölfe, Füchse und Adler zu ernähren. Und dann kamen die Menschen und nahmen, was die Erde hergab. Aber wir nahmen mehr, als unsere Bäuche fassen konnten, und gaben nichts zurück. Landschaft und Meer sind gleich geblieben, aber wir sind inzwischen mehr.

Während ich die Landschaft betrachtete, durchdrangen dünne Lichtstrahlen die Wolkendecke und beleuchteten eine Spur auf dem Wasser, wo Nebelschwaden aufstiegen. Seit wir hier waren, hatten wir keinen einzigen Orca gesehen und die Seelöwen waren eine kleine, weit verstreute Kolonie von 20 bis 50 Tieren. Von meinem Standort aus konnte ich 14 Fangboote auf dem Meer zählen. Jedes hatte sechs bis acht Leinen im Wasser.

Zyklen von Überfluss und Knappheit bilden das Gleichgewicht der Natur. Obwohl wir konditioniert sind, den Menschen als ein von der Natur völlig getrenntes Wesen zu betrachten, ist er nicht nur Teil der natürlichen Welt, sondern wohl auch einer ihrer größten Einflussfaktoren aller Zeiten. Wir sind bereits eine katastrophale evolutionäre Kraft. Aber im hohen Norden scheinen diejenigen, die kommen, um den historischen Reichtum der Erde zu ernten, dem Thema völlig auszuweichen, als ob Selbstkritik eine Glasscheibe und kein Spiegel wäre.

Wenn wir also über den allmählichen Rückgang des marinen Überflusses nachdenken, wenn wir uns nostalgisch fragen, warum die Vergangenheit nicht zurückkehrt, wenn wir zu verstehen versuchen, warum die Karibus nicht mehr kommen oder warum der Wald sich zurückzieht oder warum die Elche ausbleiben oder warum dieses Jahr weniger als ein Zehntel der normalen Menge an Königs- und Ketalachsen zu den Laichplätzen in den Nebenflüssen des Yukon River kommen wird, fällt mir das Wetterorakel von Gustavus ein: »Sieh hin.«

Die Antwort liegt klar vor unseren Augen.

Alaska, USA

Nachdem sie vom Meer kommend flussaufwärts geschwommen sind, machen die Ketalachse im flachen Williwaw Creek eine Pause, um Nester zum Ablaichen in den Kies zu graben.

Inside Passage, Alaska, USA

Ein Buckelwal springt vor Lemesurier Island und der Fairweather Range aus dem Wasser. Während der Hauptnahrungszeit im Sommer treffen in der Inside Passage von Alaska viele Walfamilien aufeinander.

S. 14–15
Ausschwimmen von Walrossen,
Beringmeer, Alaska, USA

S. 136–137
Campania Island, British Columbia, Kanada

S. 138–139
Seeottergruppe, Epper Passage Provincial Park,
British Columbia, Kanada

S. 140–141
Ausschwimmen von Stellerschen Seelöwen,
Zentralküste, British Columbia, Kanada

S. 142
Grizzlybär, Khutze Inlet, British Columbia,
Kanada

S. 143
Weißkopfseeadler in einer Fichte,
British Columbia, Kanada

S. 144–145
Küstenwolf, Küste von British Columbia,
Kanada

S. 146–147
Vargas Island, British Columbia, Kanada

S. 148–149
Seeigel, Seetang und junger Sebastes,
British Columbia, Kanada

S. 150
Rotlachs, Alaska, USA

S. 151
Qualle vor Seetang, British Columbia, Kanada

S. 152–153
Grizzlybär mit gefangenem Rotlachs,
Katmai-Nationalpark, Alaska, USA

S. 154
Ein Buckelwal taucht auf, Zentralküste,
British Columbia, Kanada

S. 155
Dreizehenmöwen beim Nisten auf einer Klippe,
Whittier, Alaska, USA

S. 156–157
Dreizehenmöwen beim Nisten auf einer Klippe
mit Gletscherwasserfall, Whittier, Alaska, USA

S. 158–159
Auftauchende Buckelwale,
Inside Passage, Alaska, USA

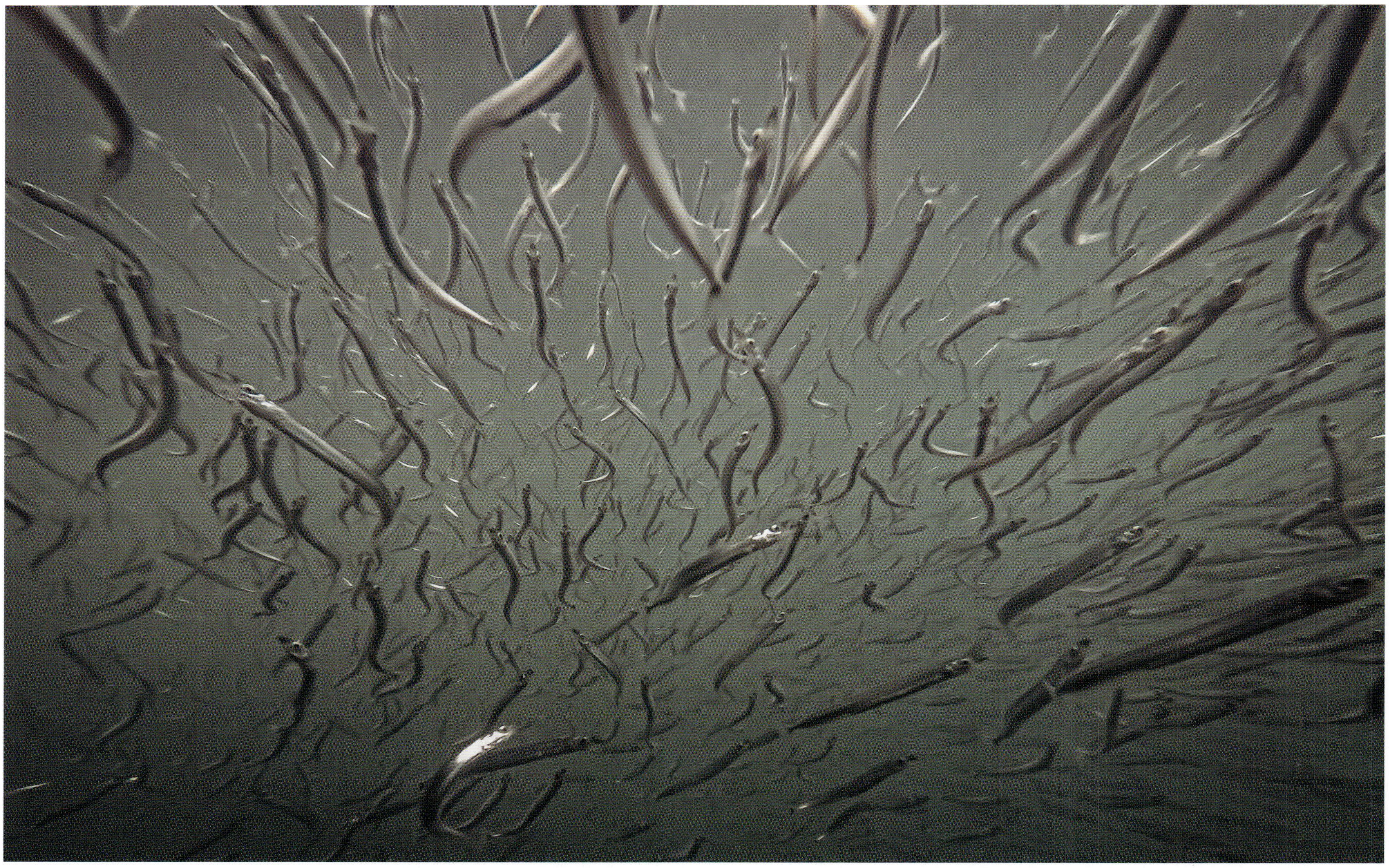

PAZIFIK

PANAMA, COSTA RICA UND KOKOS-INSEL

Kurz vor Mitternacht. Der tropische Regen prasselte auf die Windschutzscheibe unseres Taxis, als wir die grellen und schimmernden Lichter von Panama-Stadt verließen und ins einhüllende Dunkel des Dschungels fuhren. Ich versuchte, mich wach zu halten und aufmerksam zu bleiben, aber jenseits der Hauptstraße, als der Fahrer langsam Schlaglöchern auswich, schlief ich immer wieder mit dem Kopf auf meiner Kameratasche ein.

In den frühen Morgenstunden gingen wir endlich an Bord des Katamarans *Waterlust*. Unsere Freunde Graham und Alicia Waters begrüßten uns herzlich, mit heißem Tee und einem verschlafenen Lächeln. Es war feucht und es nieselte. Im trüben Licht der Mondsichel fühlten wir den Dschungel, der den winzigen Jachthafen einkreiste, eher als dass wir ihn sahen. Ein seltsamer Tierruf, vielleicht ein erwachter Affe, der sich bemerkbar bemachte, als wir in unsere Kojen krochen.

Im Jahr zuvor hatten wir auf der *Waterlust* den Atlantik überquert und nun schlossen wir uns den Waters an, als sie die Küstengebiete von Panama und Costa Rica erkundeten.

Es war Regenzeit und wir hofften, den Regenwald in seiner vollen Pracht zu erleben und mit einem Wunder der Wasserevolution zu tauchen – dem vom Aussterben bedrohten Bogenstirn-Hammerhai. Diese Haie schwärmen gelegentlich zu Hunderten in bestimmten Gebieten des Pazifischen Ozeans. Eine imaginierte Szene, bis meine Träume in Erfüllung gingen.

Die jährliche Wanderung der Hammerhaie im Pazifik findet im Dreieck zwischen dem Parque Nacional Isla del Coco in Costa Rica, der Insel Malpelo in Kolumbien und den Galapagosinseln statt. Wir planten, die Gebiete entlang der Festlandsküste Costa Ricas zu erkunden, wo Hammerhaie häufig anzutreffen sind, und dann die isolierte Kokos-Insel zu besuchen, wo sie sich versammeln, um sich von kleinen, leuchtend gelben Barbier-Falterfischen von Parasiten befreien zu lassen.

Zuerst mussten wir die *Waterlust* durch den Panamakanal schleusen. Dessen Bau begann 1904 und dauerte ein Jahrzehnt bis zur Eröffnung 1914. Die originalen gigantischen Mauerblöcke stehen noch immer an ihrem Platz – eine beeindruckende menschliche Leistung. Gebaut wurde in einem moskitoverseuchten Sumpfgebiet an einem riesigen See, um Pazifik und Atlantik zu verbinden, wobei die Überwindung der Landenge Schiffen Tausende von Seemeilen ersparte.

Auf der Südseite des Panamakanals wartete bald wilde Natur auf uns. Das oft unberechenbare Wetter mit unglaublich heftigen Gewittern trägt dazu bei, dass die Natur weitgehend unberührt blieb. Alle paar Nächte mussten wir in winzigen Buchten zwischen Anhöhen anlegen, von denen wir hofften, dass sie die Blitze auf sich ziehen würden. Mehr als einmal blieben wir die ganze Nacht wach; die Elektronik und die Instrumente der Jacht waren abgeschaltet, während Blitze den Himmel erhellten und Donner das Geschirr in den Schränken erzittern ließ.

Reingewaschen von Regengüssen, wachten wir in der berauschenden Salz-Sole-Mischung auf, die in der Luft hing. Uralte Bäume wuchsen bis an den Rand des Meeres. Die Atmosphäre war vielschichtig und allgegenwärtig; satte Braun- und Grüntöne erhoben sich dräuend über der Erde. Regen fiel in hellen durchsichtigen Güssen und tränkte die ohnehin schon gesättigte Umgebung. Die Landschaft ist uralt, und die Wälder, die von nebelverhangenen vulkanischen Überresten flankiert werden, bilden die tropische Dauerkulisse für die Palette des Meeres.

Wo auch immer wir landeten, hatte die Regenzeit übel gehaust. Erdrutsche versperrten die wenigen Zufahrtsstraßen, blockierten die Versorgung mit Lebensmitteln und Treibstoff und ließen Häuser im Schlamm versinken. Bizarr umgestürzte Bäume, deren Wurzeln gen Himmel ragten, zerrissen die Hänge, und in tiefen Wassergräben verrottete massenhaft die Vegetation. Mit jedem Sturm entstanden neue Flüsse und Bäche, das Meer um die Flussmündungen war schlammfarben und Krokodile trieben zwischen schwimmenden Bäumen und Dschungeltrümmern.

Wo Wetter und Leben schwierig sind, lässt sich kaum jemand dauerhaft nieder. Die Leute, die wir vorfanden, waren robust. Sie lebten auf dem Land, waren aber mit dem Meer verbunden. Sie bauten in Handarbeit kleine Hütten aus Blech und Holz auf winzigen Landvorsprüngen und Stränden, oft nur knapp über der Hochwassermarke. Auf dem Weg nach Westen und Norden zogen oft kilometerlang unberührte Regenwälder vorbei, ohne ein Anzeichen von menschlichen Siedlungen oder Aktivitäten. Oft sahen wir niemanden, weder an Land noch auf dem Wasser.

Unsere Reise führte uns zwischen den vorgelagerten Perleninseln hindurch und zu den Inseln Cébaco, Leones und Perdomo. Sobald der Regen nachließ und das Wasser so klar war, dass wir die Sicht um ein flaches Riff herum testen konnten, zogen wir unsere Tauchausrüstung an und gingen auf Erkundungstour.

Wir machten einen Ausflug auf dem Río Ponuga und in die Mangroven auf der Suche nach Spitzkrokodilen, die das schlammige Wasser von Flussmündungen bevorzugen. Für ein paar Tage tauchten wir in eine vergessene Welt ein. Bunte Eisvögel blitzten auf, wenn wir vorbeifuhren; Fregattvögel, die auf der Thermik schwebten, stürzten sich plötzlich wie Sturzkampfbomber aus den Kumuluswolken auf die Meeresoberfläche, auf der Suche nach Fliegenden Fischen oder schwimmender Beute; weiße Reiher glitzerten wie Schmuck an smaragdgrünen Bäumen; und zwischen den robusten Mangrovenstängeln jagten bei Ebbe Waschbären.

Hier fanden wir unser erstes Spitzkrokodil in einer rasanten Gezeitenströmung. Während wir an dem riesigen Tier vorbeidrifteten, übersahen wir einen tief über uns hängenden Ast. Er verfing sich an der Seite des Schlauchboots, wirbelte uns herum, löste sich, verhakte sich in Peters Kamerablitz und schleuderte ihn direkt neben dem Krokodil ins Wasser. Es gab einen Schreckensmoment, in dem ich dachte, Graham oder Peter würden in die Strömung springen und danach suchen. Meine lauten Proteste machten ihnen klar, dass die Gefahr direkt unter unserem Boot sehr real war.

Wir segelten weiter zum Nationalpark Coiba, einer UNESCO-Welterbestätte und Meeresschutzgebiet, das für seine reiche Artenvielfalt bekannt ist. Bei unserem ersten Tauchgang in Coiba schwammen wir durch Scharen von Großaugen-Stachelmakrelen und geschmeidigen Barrakudas; schimmernde Wolken zwischen Grau und Silber, die in enger Formation durch das Sonnenlicht wirbelten. Aus der undurchsichtigen blauen Dämmerung tauchten erst ein, dann zwei, dann fünf Mantarochen auf, die in Zeitlupe an meiner Kameralinse vorbeiglitten, eine stattliche Prozession, deren große flügelartige Brustflossen die Fischschwärme teilten.

Ich näherte mich einem Oktopus, der vor meinen Augen mit den Felsspalten und blassen Korallen verschmolz, indem er seine Farbe und Textur veränderte. Unter Wasser hörte ich den komplexen Gesang der Buckelwale mit ihrem Repertoire an Tönen und Seufzern, allerdings waren sie zu weit entfernt, als dass man sie sehen konnte. Stattdessen entdeckte ich eine vom Aussterben bedrohte Echte Karettschildkröte, die so vertieft ins Fressen von Schwämmen war, dass ich mich ihr nähern konnte, ohne sie zu stören, und, auf dem Grund liegend, ihre entspannte Mahlzeit fotografieren konnte.

Abgesehen von ein paar Rangern waren wir auf Coiba allein. Nachts auf dem Deck unter dem Sternenhimmel trug die Brise die Schreie der Brüllaffen und die schrillen Alarmrufe der Kapuzineräffchen zu uns. Wir nahmen unseren Morgenkaffee mit an den Strand und saßen regungslos, die Füße im Sand vergraben, und warteten auf ein Aguti, ein Nagetier, das wie ein langhalsiges Meerschweinchen auf stelzenartigen Beinen aussieht. Das Tier wagte sich vorsichtig auf den offenen Strand, hielt alle paar Schritte inne, um zu lauschen, und flüchtete bei jeder Störung in den Schutz des Walds. Auf dem offenen Meer klatschten Buckelwale mit ihren Fluken und Brustflossen, und gelegentlich brachen sie in einem Gischtregen aus dem Meer.

Als wir eines Morgens vom Strand zur Jacht zurückkehrten, befanden wir uns genau in der Bahn eines säugenden Buckelwals. Wir schalteten den Motor

Nationalpark Corcovado, Costa Rica

Braune Pelikane rasten in den Wipfeln des Dschungels auf der Halbinsel Osa.

Nationalpark Corcovado, Costa Rica

Die Regenzeit in Costa Rica bringt sintflutartige Regenfälle mit sich, die Bäche und Flüsse im Dschungel anschwellen lassen und die Ebenen überschwemmen.

ab, glitten leise ins Meer, verharrten regungslos in der Strömung und warteten. Die gigantische Gestalt mit dem Kalb änderte weder Kurs noch Tempo. Sie schwamm direkt auf uns zu, neigte sich leicht, um uns zu beäugen, und zog dann weiter. Im Schlauchboot war unsere Freude greifbar, trotz des Regens, der auf die Oberfläche des Ozeans prasselte und uns ins Gesicht stach.

Bei der Einreise nach Costa Rica durch den Fischerort Golfito fiel uns auf, dass ebenso viele Einheimische im Tourismus und als Naturguides tätig waren wie in der Fischerei. In der winzigen Küstensiedlung Bahía Drake an der Westseite der Halbinsel Osa und des Nationalparks Corcovado gab es keinen Fisch zu kaufen. Alle waren mit dem Tourismus beschäftigt. Unsere Nationalpark- und Tauchguides erklärten uns, dass ihr Fisch nicht wie der Rest der Welt verschwinden sollte und dass sie sich als Gemeinschaft bewusst für den Ökotourismus entschieden hatten.

Pura vida nannten sie es: »Leben pur«.

Die aufeinandertreffenden Meeresströmungen hier – vor allem der nährstoffreiche Humboldtstrom und die warmen äquatorialen Strömungen – schaffen einen idealen Lebensraum für Meerestiere, insbesondere Haie und gelegentlich sogar Hammerhaie. Wir verbrachten Tage damit, darauf zu warten, dass der Regen nachließ und die Sicht so gut war, dass wir um die Isla del Caño tauchen konnten.

An einem klaren Morgen kurz vor Sonnenaufgang holten wir einen Tauchguide in Bahía Drake ab, segelten hinaus in die Gewässer um Caño und ankerten. Bei unserem ersten Tauchgang schwammen wir mit großen Schwärmen von Stachelmakrelen und Blaustreifen-Schnappern, während Weißspitzen-Riffhaie im flachen Wasser patrouillierten und regelmäßig riesige Thunfische die Schwärme dazu brachten, weite Kreise um den Raubfisch zu bilden. Die farbenprächtigen Korallen geschützter Riffe waren jedoch nicht zu sehen. Die Meereslandschaft, die von sedimenthaltigen Stürmen heimgesucht wurde, zeigte eher gedämpfte Grün- und Brauntöne. Wir erkundeten die Gegend bis in den Nachmittag hinein, bis sich der Himmel plötzlich verdunkelte und wogende Wolken vor der Sonne vorüberzogen. Beim ersten heftigen Blitzen und Donnern gaben wir auf und huschten zurück zur Küste und zu einem sicheren Ankerplatz.

Auf der Halbinsel Osa waren wir die einzigen Besucher des Meeresschutzgebiets Corcovado. Extrem stürmische Wetterbedingungen machten die Bootsüberfahrt von Bahía Drake zur Herausforderung; zwei Versuche, die Sirena-Ranger-Station des Parks zu erreichen, scheiterten. Der Skipper kehrte um, nachdem eine riesige Welle das Boot überschwemmte und uns fast kentern ließ, wobei ein Passagier vom Sitz geschleudert wurde und sich eine Rippe brach. Beim dritten Versuch schafften wir es schließlich durch die schwere See. Nach einer sehr nassen Landung begann es in Sirena gerade zu regnen. Unser Führer Erick Ordônez Gomez verschwendete keine Zeit, und nachdem wir eine Flasche Wasser geholt hatten, machten wir uns auf den Weg, um unsere sechstägige Wanderung durch den Dschungel zu beginnen.

Mit 50 Meter hoch aufragenden Bäumen und Wasserfällen, die in Kaskaden von der Höhe herabstürzten und den Wald in hauchdünne weiße Nebel tauchten, fühlte sich die Kathedrale des Dschungels verwunschen an. Während wir uns unseren Weg durch das oft undurchdringliche Dickicht aus Wurzeln, Büschen und Bäumen bahnten, schreckten uns die allgegenwärtigen Affen auf, die plötzlich im Blätterdach direkt über uns zeterten.

Der Dschungel war nie still. Abgesehen von den Rufen der Affen war er voller Vögel und oft so laut und lärmend wie ein belebter Marktplatz. Die Vögel selbst blieben jedoch leider fast außer Sichtweite, was ihre Identifizierung und das Fotografieren erschwerte. Wir folgten einem vogelähnlichen Zwitschern und entdeckten ein fast menschlich wirkendes, vom Aussterben bedrohtes Totenkopfäffchen. Erick erklärte uns, dass der illegale Handel die Art gefährdet, weil Wilderer sie fangen, um den Wunsch der Menschen nach einem niedlichen Haustier zu erfüllen. Beim Blick in die koboldhaften Augen des Tiers fragte ich mich, wie groß die Sehnsucht der entführten Tiere nach diesem riesigen Dschungel und der Freiheit sein musste. Ich versuchte, mich in sie hineinzuversetzen, aber es gelang mir nicht. Der Schmerz war zu groß.

Kokos-Insel, Costa Rica

Die Kokos-Insel liegt inmitten tiefer kalter Meeresströmungen, die nährstoffreiche und starke Strömungen an die Oberfläche schwemmen. Dies zieht Ansammlungen von Hammerhaien an, die die Strömung nutzen, um zu entspannen, ohne ständig schwimmen zu müssen, damit Wasser ihre Kiemen umspült.

Als ich eines Tages allein am Waldrand spazieren ging, während Peter und Erick an der Mündung des Río Claro Krokodilwache hielten, wurde ich durch ein wildes Quieken aus meinen Gedanken aufgeschreckt. Ich lief zum Strand, wo sich zwei Nabelschweine am Ufer einen erbitterten Kampf lieferten. Im Sand liegend, in der Hoffnung, dass sie zu sehr in ihren Kampf vertieft waren, um mich zu bemerken, begann ich zu fotografieren.

Nach einigen heftigen Zusammenstößen trennten sich die Pekaris, liefen in entgegengesetzte Richtungen und suchten, kaum zehn Meter voneinander entfernt nach Futter. Gerade hatte ich mich aufgesetzt, als sich das dichte Unterholz hinter mir abrupt teilte und ein bizarr aussehendes Tier zaghaft auf den Strand und ins Sonnenlicht trat. Ein paar Minuten lang sah es mich nicht, vielleicht war es vom Licht geblendet. Dann wedelte es mit dem kurzen Rüssel, wuchtete seine 300 Kilogramm Lebendgewicht ins Unterholz und verschwand. Weil es sich um einen vom Aussterben bedrohten Tapir handelte, verbrachte ich die nächste halbe Stunde damit, bäuchlings über den schlammigen Waldboden zu kriechen, um ihn wiederzufinden. Schließlich stieß ich auf einen frustrierten Peter, der sich aus der entgegengesetzten Richtung ebenfalls herangeschlichen hatte. Ich war versehentlich zwischen ihn und den Tapir geraten, der nun lautlos im dichten Dschungel verschwand.

Weniger diskret waren die dachsartigen Nasenbären. Wir hörten sie durchs Unterholz streifen, postierten uns dort, wo wir sie vermuteten, und warteten. Seltsamerweise tolerierten sie unsere Anwesenheit. Wenn wir sie nicht erschreckten, konnten wir einen Bogen vor ihnen schlagen und uns erneut annähern. Dabei hatten wir immer ein Auge auf den Boden.

In Costa Rica herrscht große Angst vor Giftschlangen. Die gefürchtetste von allen ist die Terciopelo-Lanzenotter. Im Dschungel hatten wir bei Tageslicht jedoch keine einzige Schlange gesehen und so beschlossen wir, den Tapirpfad nachts mit einem Schlangenspezialisten zu begehen. Wir brachen um 19 Uhr auf, mit Blitzgeräten, Leitern, Stativen und einer Thermoskanne Suppe. Der sternbesäte Nachthimmel zog bald zu, bis es binnen einer Stunde in Strömen regnete. Als der Regen einsetzte, erwachte die Nacht zum Leben. In den Bäumen pulsierten die Geräusche von Insekten, und von den Stämmen der Bäume quakten unaufhörlich Laubfrösche, wie Regentropfen unterschiedlicher Größe, die in ein Becken platschen.

Spät in der Nacht fanden wir an einem Bachufer tatsächlich eine einzige junge Lanzenotter, die im Licht der Taschenlampe unheimlich schimmerte, aber weitgehend unter der Laubstreu verborgen blieb. Unsere beste Bildausbeute war eine schlanke Gebänderte Katzenaugennatter, für die wir eine Leiter an einen Baum lehnen mussten. Wir kletterten beide hinauf, wobei ich unseren großen Regenschirm über Peter hielt, um die Kamera vor dem Regenguss zu schützen, während er verkrampft und balancierend Bilder machte.

Zurück beim Fahrzeug, konnte unser Führer den Hochwasser führenden Fluss nicht überqueren. Wir standen ratlos am Rand der überfluteten Straße. Nach einigen Telefonaten mit Freunden in den frühen Morgenstunden wurden wir stafettenartig weitergereicht, bis wir schließlich von einem Allradfahrzeug abgeholt wurden, das die Flüsse überqueren konnte. Um 4 Uhr morgens signalisierten wir der *Waterlust* vom Strand aus. Graham erwartete uns. Im Schlauchboot raste er im Dunkeln über die Wellen, wobei seine Taschenlampe wild umherwirbelte. Wir zogen uns aus und wateten ihm entgegen, die wasserdichten Kamerataschen hoch über unseren Köpfen haltend. Wir mussten unseren Sprung ins Boot perfekt timen, was einige Versuche erforderte, aber schließlich erreichten wir die Jacht durchnässt, aber sicher.

Zwei Monate nach der Kanaldurchfahrt erreichten wir die Stadt Puntarenas, wo wir von der Familie Waters und der Jacht *Waterlust*, die uns als Basislager gedient hatte, Abschied nahmen. Hier wechselten wir auf das Segelschiff *Sea Hunter* für eine Tauchexpedition zur Kokos-Insel, 530 Kilometer vor der Küste Costa Ricas, die ein Mekka für Hammerhaischulen ist.

Im Dezember 2021 gaben Costa Rica und Conservation International bekannt, dass der Kokos-Insel-Nationalpark und das umliegende Meeresschutzgebiet vor der Pazifikküste auf über fünf Millionen Hektar erweitert werden sollen – das ist das 26-Fache der bisherigen Größe. Darüber hinaus würde die nahe gelegene Bicentennial Marine Management Area auf das Elffache ihrer bisherigen Größe anwachsen und nun mehr als 100 000 Quadratkilometer umfassen – was in etwa der Größe Islands entspricht.

Diese Erweiterung ist Teil eines größeren Korridors im östlichen tropischen Pazifik, der Meeresschutzgebiete in Costa Rica, Panama, Ecuador und Kolumbien miteinander verbindet, um einen »sicheren Wasserweg« für Arten wie Schildkröten, Haie und Wale zu schaffen.

Die Kokos-Insel ist der einzige über dem Meeresspiegel liegende Teil des Cocos-Rückens, der von Costa Rica bis nahe an die Galapagosinseln reicht. Eine Reihe von submarinen Vulkanen bildete sich über dem Rand der Cocos- und der Pazifischen Platte (die aktiv unter die Karibische Platte subduziert wird). Kokos ist die einzige Insel im östlichen tropischen Pazifik mit Regenwald und dem reichsten und ausgedehntesten Korallenriff dieser Zone.

Unser erster Tauchgang fand bei Alcyone statt. Man hatte uns vor den Meeresströmungen hier gewarnt, und zu allem Überfluss wehte auch noch ein strammer Südostwind. Es sollte ein anspruchsvoller Tauchgang werden. Als ich meine Tauch- und Kameraausrüstung überprüfte, schlug mir das Herz vor Aufregung bis zum Hals. Ich bin mit Strömungstauchen vertraut, aber die Kokos-Insel hat einen speziellen Ruf. Dafür bin ich ausgebildet und ich war fest entschlossen, mich nicht ins offene Meer ziehen zu lassen, in der Hoffnung, dass jemand meine orangefarbene Markierungsboje im windgepeitschten Wasser entdecken würde. Ich biss die Zähne zusammen und ließ mich rückwärts in das kalte Wasser fallen, meine Kamera mit dem Körper schützend, und wandte mich dann sofort dem Grund zu, um nach Peter zu suchen.

Die Wassertemperatur betrug 18 °C. Wir fanden unseren Tauchguide Brayan González und folgten ihm nach unten. Kontrolliertes Tempo war angesagt: auf 30 Meter abtauchen und einen sicheren Platz finden, um sich an den Felsen außerhalb der stärksten Strömung festzuhalten. Diese ließ mit zunehmender Tiefe nach und Brayan brachte uns zügig an die beste Stelle. Ich beeilte mich, mein Gurtzeug am Riff zu befestigen. Wir warteten. Die Sichtweite betrug etwa 15 Meter, das Wasser war eisblau. Ein Schwarm Stachelmakrelen schwamm in Sichtweite, darunter ein Marmorrochen. Eine Grüne Meeresschildkröte schwamm auf mich zu, ehe sie erschrak und floh. Inmitten dieser mir so vertrauten Kreaturen der Tiefe vermochte ich zu entspannen. Ich musste meine Luft einteilen und signalisiere Brayan, dass ich vielleicht weniger tief tauchen sollte. Er bedeutete mir, an Ort und Stelle zu bleiben.

Ein Schatten zog zwischen mir und dem trüben Licht über mich hinweg – ein Galapagoshai. Als Nächstes folgten drei oder vier Seiden- und Galapagoshaie sowie ein Paar Weißspitzen-Riffhaie hoch über uns. Ich überprüfte meine Luftvorräte und beruhigte mich – ich würde alle Luft brauchen, die ich hatte. Wir schwammen in flacheres Wasser.

Die Strömung zerrte an mir, also zog ich mich in eine tiefer gelegene Felsspalte zurück. Ein riesiger Mantarochen glitt mit der Strömung vorbei, zwei Lippfische an seinem Bauch. Ein weiterer Schwarm Stachelmakrelen trieb vorüber, ebenso ein paar Thunfische. Dann tauchte aus der Tiefe mein erster Bogenstirn-Hammerhai auf. Eine exzentrische Schönheit; der stromlinienförmige Körper endete in einem bizarren hammerförmigen Kopf mit dunklen Augen an den Enden, um die Sicht zu verbessern. Ein seltsamer, aber raffinierter Jäger der Tiefe. Er fixierte mich prüfend. Einen Moment lang stockte mir der Atem – ein absolutes No-Go beim Tauchen –, dann fing ich mich aber wieder und fand zu einem gleichmäßigen Atemtakt zurück.

Unerwartet füllte sich das Meer mit riesigen, grauen, sich langsam bewegenden Schatten. Sie nahmen Gestalt an, eine ganze Schule von Hammerhaien, die sich träge vorbeibewegten. Ich hielt mich eingehakt in der Strömung, entspannt in 26 Metern Tiefe, und das Meer brachte mir lebensverändernde Geschenke, die reichsten Geheimnisse des Ozeans an einem der wildesten Orte der Erde. *Pura vida.*

S. 176–177
Manuelita, Pájara und Kokos-Insel, Costa Rica

S. 178–179
Isla Verde, Golf von Montijo, Panama

S. 180–181
Wasserfall und Regenwald, Kokos-Insel, Costa Rica

S. 182–183
Gemeiner Schwarzleguan, Nationalpark Manuel Antonio, Costa Rica

S. 184
Braunschwanzamazilie, Panama

S. 185
Tapir, Nationalpark Corcovado, Costa Rica

S. 186–187
Mittelamerikanischer Totenkopfaffe, Nationalpark Corcovado, Costa Rica

S. 188
Spitzkrokodil, Río Claro, Nationalpark Corcovado, Costa Rica

S. 189
Weißrüssel-Nasenbär, Nationalpark Corcovado, Costa Rica

S. 190–191
Halsbandpekaris auf Nahrungssuche am Strand, Nationalpark Corcovado, Costa Rica

S. 192–193
Weißspitzen-Riffhaie und Schwärme von Kreolen-Lippfischen, Kokos-Insel, Costa Rica

S. 194
Kardinalbarsche und Seeigel, Kokos-Insel, Costa Rica

S. 195
Tigerhai, Kokos-Insel, Costa Rica

S. 196–197
Schule von Dunkelflossen-Barrakudas, Nationalpark Coiba, Panama

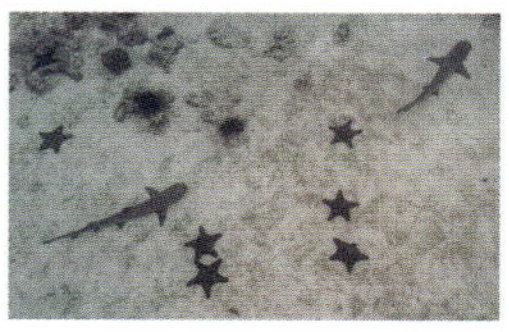

S. 198–199
Weißspitzen-Riffhaie und Seesterne, Kokos-Insel, Costa Rica

S. 200
Ein männlicher Grüner Leguan nimmt zur Paarungszeit eine Orangefärbung an, Halbinsel Osa, Costa Rica

S. 201
Rotaugenlaubfrosch,
Nationalpark Corcovado, Costa Rica

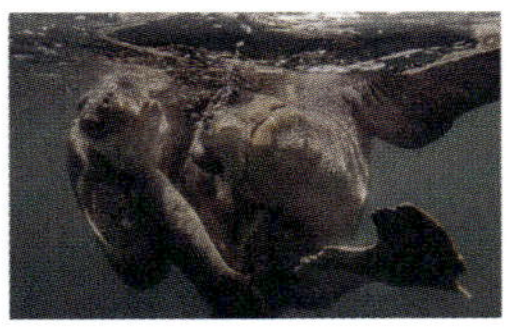

S. 202–203
Oliv-Bastardschildkröten bei der Paarung,
Nationalpark Coiba, Panama

S. 204
Kreolen-Lippfische,
Kokos-Insel, Costa Rica

S. 205
Bogenstirn-Hammerhai,
Kokos-Insel, Costa Rica

S. 206–207
Isla del Canal de Afuera,
Nationalpark Coiba, Panama

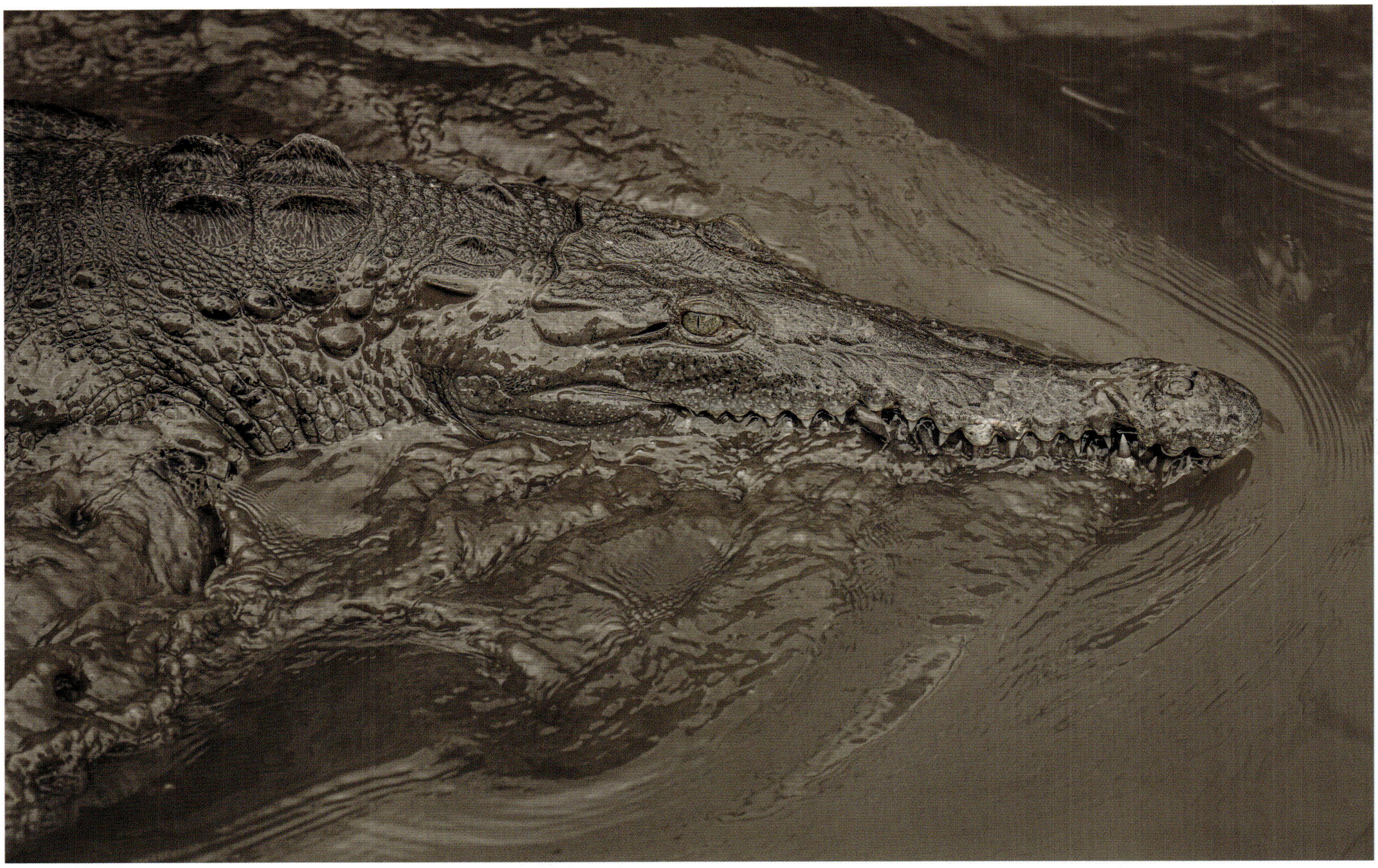

PAZIFIK

GALAPAGOSINSELN, ECUADOR

Ich umschloss die Kaffeetasse mit den Händen und nippte zaghaft, während Dampffäden vor meinem Gesicht aufstiegen. Durch die Salonfenster der Jacht, in denen sich das schwache Innenlicht golden widerspiegelte, sah ich einen purpurroten Strich am Horizont, der die Nacht vertrieb. Draußen, im Halbdunkel, reichte ich unserem Führer Harry Vargas meinen Kamerarucksack. Mit festem Seemannsgriff packte ich sein Handgelenk und stieg in das Beiboot hinab, um mich vorsichtig auf die feuchten Schwimmkörper zu setzen. Das Meer hob und senkte sich in träger Dünung, wie ein langsam atmendes Lebewesen unter einem seidenweichen dunklen Stoff. Wir fuhren ans Ufer; die weiße Spur unseres Kielwassers ging langsam in Schwarz über.

Am Strand lauschte ich dem gleichmäßigen Takt der an- und ablaufenden Wellen in der stillen Morgendämmerung. Wir folgten einem Pfad durch die Bäume ins Landesinnere. Von einem Hügel aus blickten wir auf unser Ziel hinunter, eine Lagune, die vom Gold und Blau des Morgenhimmels erglänzte. Am Ufer angekommen, fielen die ersten Sonnenstrahlen wie ein Scheinwerfer auf die wenigen verstreuten Kumuluswolken. Kleine Gruppen von Flamingos erwachten, und ihre Silhouetten hoben sich in blassem Pastellrosa von den verschatteten Hügeln hinter dem gegenüberliegenden Ufer ab. Wir machten uns an die Arbeit.

Für die nächsten 45 Minuten blendete ich jegliche Ablenkung aus und konzentrierte mich ganz auf die außergewöhnliche Szenerie von exquisiter Schönheit vor mir. Buttergelbes Sonnenlicht beschien die Flamingos wie auf einer Bühne und schuf einen starken Kontrast zu den verschatteten Hügeln dahinter. Als die Sonne höher stieg, berührte sie die Baumspitzen und hob sie als Silhouette von der dunklen Umgebung ab.

Erst als das Licht von der goldenen Dämmerung ins helle Weiß des Tages überging, nahm ich meinen Blick vom Sucher. Ich drehte mich um; Harry betrachtete mich halb sitzend, halb an den niedrigen Seitenast eines Baumes gelehnt. Ich schüttelte nur den Kopf.

»Zeitlos«, sagte er.

Während der Wochen, in denen wir durch die einzigartige Umgebung der Galapagosinseln kreuzten, dachte ich regelmäßig daran: »zeitlos«. Mit diesem Begriff beschreiben wir das Innehalten in einem perfekten Moment unseres Lebens, aber nichts ist zeitlos. Dass wir etwas als zeitlos betrachten können, weist auf den engen Rahmen der menschlichen Zeitwahrnehmung hin.

Für die meisten von uns ist »Zeit« ein Tagesmaß, ein Parameter für den Umfang unserer Tätigkeit. Zwei weitere Perspektiven stehen neben diesem unmittelbaren Aspekt. Einerseits unser eigenes Alter, verglichen mit dem unserer Mitmenschen, als Maß für den Zuwachs an Zeit. Es schafft einen Selbstbezug und stellt unsere Zeitwahrnehmung in einen Zusammenhang. Dieser einzige greifbare Bezug, den wir haben, macht es schwierig, weiterreichende Zeitvorstellungen zu begreifen. Andererseits die Geschichte. Wir alle wissen, dass Christoph Kolumbus der erste Europäer an der Küste Amerikas war, aber gibt das Datum 1492 eine Orientierung, wann das war? Es ist zwar erst 533 Jahre her, aber schon das liegt für viele von uns unfassbar weit zurück. Wir begnügen uns mit »lange her« und schreiten weiter, indem wir die Zeit durch die Fortschreibung einer auf Fakten basierenden Chronologie überbrücken.

Die längste Zeitvorstellung, die wir konkret zu formulieren vermögen, basiert auf persönlichen Erfahrungen und greifbaren Beweisen: die Erzählungen unserer Großeltern oder das verblasste Foto im verstaubten Schwarz-Weiß-Album unserer Urgroßeltern mit der Familie und dem in Decken gewickelten Baby, umgeben von altmodischem Studiodekor.

Für die meisten von uns sind dies Grenzpfeiler einer verständlichen, greifbaren Zeit. Darüber hinaus ist Zeit ein Konzept ähnlich wie Raum – etwas, das zwar wahrgenommen wird, aber unfassbar ist, ohne Form oder Definition.

Harrys »zeitlos« ging mir nicht mehr aus dem Kopf. Nach der Rückkehr zur Jacht und einem herzhaften Frühstück, das nach dem kalten Tagesbeginn und der damit verbundenen Aufregung und Anstrengung doppelt so köstlich schmeckte, zog ich mich aufs stille Achterdeck zurück. Meine Gedanken kreisten erneut um das Wort »zeitlos«. Scheinbar bezeichnete es etwas, das seinen Ursprung in unserer Erkundung der verbliebenen wilden Ozeane hatte. Eine universelle Idee für alles, was wir sahen und erlebten, die unsere menschliche Erkenntnis mit dem verbindet, was wild ist.

Das Wort »zeitlos« kommt häufig in Beschreibungen der Galapagosinseln vor, eigentlich nicht ganz passend, wenn man bedenkt, dass der Naturforscher Charles Darwin hier schließlich den Beweis für seine Evolutionstheorie fand: dass sich die Arten mit der Zeit an ihre Umwelt anpassen. »Zeitlos« klingt nach »statisch« und Darwins Theorie stellte diese in der damaligen religiösen Doktrin verwurzelte Vorstellung offen infrage, die behauptete, dass die Erde so geschaffen wurde, wie sie jetzt war, unveränderlich.

Die zeitgenössische Verwendung des Begriffs »zeitlos« beim Beschreiben der Galapagosinseln unterstreicht die Tatsache, dass menschliches Denkvermögen nicht ausreicht, um große Zeiträume zu erfassen. Die für einen gewaltigen Evolutionsprozess erforderliche Zeit – ich nenne sie die »Darwinsche Zeit« – liegt jenseits unseres Fassungsvermögens.

Seltsamerweise beruhte der Beweis für Darwins Evolutionstheorie nicht auf großen zeitübergreifenden Mutationen, sondern auf vergleichsweise kurzen Zeitsprüngen, in denen sich die auf den Inseln vorkommenden Vogelarten aufgrund ihrer besonderen, durch geografische Isolation bedingten Umstände veränderten.

Entgegen der landläufigen Meinung waren es die Spottdrosseln und nicht die Finken der Galapagosinseln, bei denen Darwin Mutationen feststellte und die ausreichten, um eine welterschütternde Idee zu untermauern. Die Singvögel einer einzigen Art, die er während seiner Reise auf der *Beagle* sammelte, zeigten auf verschiedenen Inseln Varianten von Größe, Färbung und Schnabelform, die sich wiederum von den Spottdrosseln auf dem Festland des fernen südamerikanischen Kontinents unterschieden.

Zusätzlich wurde die Evolutionstheorie dadurch untermauert, dass die Mutation der Schnäbel bei den »Darwinfinken« von Insel zu Insel variierte. Wo reichlich Niederschlag für Vegetationsvielfalt sorgte, herrschten dicke Schnäbel vor, um Samen zu knacken, während auf trockeneren Inseln dünne Schnäbel das Fangen von Insekten ermöglichten.

Für die meisten von uns heißt Evolution Nachdenken darüber, wie eine einzelne Art zu dem wurde, was sie ist. Genau dies tat ich ein paar Tage zuvor, als Harry uns zu einem Tauchgang mit Meerechsen führte, einer auf den Galapagosinseln endemischen Leguanart, die sich unter Wasser von Algen ernährt, die an felsigen Ufern an der Gezeitenlinie wachsen.

Ich schwamm am Ufer entlang, wo gelegentlich Meerechsen an die Oberfläche kamen. Ein Leguan holte Luft und tauchte dann ab, wobei er seine Beine eng und stromlinienförmig an den Körper zog und sich mit seinem langen, breiten Schwanz nach Krokodilart abwärts peitschte. Am Grund nutzte er die scharfen gekrümmten Krallen an seinen Füßen, um sich an Felsen zu klammern. Ich folgte der Echse nach unten, aber der Strömungssog war zu stark, da die Dünung durch die Felsen drückte. Ich wurde rücklings gegen einen Felsen und dann über ihn hinweg geschleudert, bis mich der Wirbel auf der anderen Seite des Felsens wieder nach unten zog. Verzweifelt hielt ich das gläserne Kameragehäuse hoch über meinen Kopf, um den tödlichen Schlägen zu entgehen. Ich stieg an die Oberfläche und schwamm in tieferes Wasser, wo die Wirkung der Wellen geringer war.

Die Leguane hatten diese Ängste und Sorgen nicht. Mit ihren hakenartigen Krallen bewegten sie sich sicher unter Wasser über den Geröllboden und suchten nach Flecken mit Rot- oder Grünalgen zum Grasen. Wenn ihnen eine Stelle zusagte, legten sie ihre Wange auf den Fels und schabten

Floreana, Galapagosinseln

Galapagos-Riesenschildkröten können mehr als 100 Jahre alt werden und gelegentlich gehen sie ins Meer, um zu einer küstennahen Insel zu schwimmen. Vor der Insel Floreana fanden wir eine treibende Schildkröte und halfen ihr, an den Strand zu gelangen.

Darwin-Insel, Galapagosinseln

Ein Teufelsrochen schwimmt durch einen Schwarm Kreolen-Lippfische. Der Rochen frisst keinen Fisch, aber beide ernähren sich von winzigen Organismen im Meer, was sie zusammenführt.

mit ihren Reihen von scharfen, dreizackigen Zähnen die niedrig wachsenden Algen vom Fels ab.

Als ich später auf der rauen Oberfläche eines Riffs saß und eine kurze Atempause von der extremen körperlichen Anstrengung einlegte, stemmte ich mich gegen die Brandung und wollte ein Foto machen. Da nieste ein Leguan neben mir einen klebrigen weißen Klecks auf meinen Arm. Als ich Harry hinterher davon erzählte, lachte er.

»Das ist kein Rotz«, kicherte er. »Es ist Salz. Die Echsen haben eine Drüse, über die sie Salz aus dem Futter ausscheiden. Hat sich genug angesammelt, niesen sie es aus.«

Diese Erklärung linderte meinen Ekel nur bedingt, aber sie brachte mich zur Frage, wie viel Zeit die Ausbildung dieser einzigartigen Anpassung benötigt hatte. Wie lange brauchte ein sich hauptsächlich fleischfressend ernährendes Landreptil, um pflanzliche Nahrung im Meer zu suchen? Um dann jede erfolgreiche Anpassung so zu verfeinern, bis es schwimmen, tauchen und gegen die physische Kraft des Ozeans bis zu 15 Minuten unter Wasser bleiben konnte, um sich von einer Unterwasserpflanze zu ernähren und dann das überschüssige Salz auszuscheiden? Die Antwort lag in einer Zeitspanne, die ich realistischerweise nicht begreifen konnte – der Darwinschen Zeit.

Darwinsche Zeit und Zeitlosigkeit. Beide Vorstellungen polterten in meinem Kopf herum wie Hartgummibälle auf einer breiten unebenen Treppe. Meine Mitreisenden gingen abends müde und zufrieden in ihre Kabinen, ich aber trat aufs Deck hinaus. Die Nacht war still und dunkel, das Sternenlicht ein silberner Schimmer auf dem schwarzen Meer. Ich schritt auf dem Vorderdeck umher.

Was steckte an Bedeutendem darin für unser ganzes Projekt, Meereswildnisse zu finden, ein Bewusstsein für sie zu schaffen und für ihren Schutz einzutreten? Hin- und Hergehen half nicht, also ließ ich mich in den weichen rostroten Segelsack neben dem Bugspriet fallen. Im Steuerhaus auf dem Oberdeck brütete der Kapitän im Licht einer kleinen Tischlampe über seinen Seekarten und legte den Kurs für den morgigen Tag fest.

»Peilung und Kurs«, dachte ich und etwas rastete ein. Ich klopfte geistesabwesend auf die feine gelbe Holzmaserung des Bugspriets und versuchte, mein Unterbewusstsein an die Oberfläche kommen zu lassen. Ich schloss die Augen. Der Geruch des Meeres. Gurgelndes Wasser in einer Öffnung an der Wasserlinie der Jacht. Mein Verstand stellte mir eine Frage, wie eine aufsteigende Luftblase.

Wenn die Menschen per se unfähig sind, die Darwinsche Zeit zu erfassen, wie gelingt es uns dann, jemals langfristig über die Zukunft nachzudenken?

Ich schlug mit der Faust auf den Segelsack. Die Antwort lag auf der Hand: gar nicht! Mit diesem Gedanken fügten sich all die anderen Überlegungen aus den Jahren, die, während ich die wilden Ozeane der Erde dokumentierte, unstrukturiert mein Denken durchzogen hatten, zusammen. Wie bei einem Puzzle, bei dem ein lange gesuchtes Teil endlich seinen Platz findet.

Umwelten – im Plural – beschäftigten mich über die Jahre hinweg. Die allgemeine Definition von Evolution ist die Anpassung einer Lebensform an ihre Umwelt. Dazu kommt die Idee der natürlichen Auslese, nämlich dass es zwischen den Generationen einer Lebensform immer wieder kleinere Veränderungen geben wird. Diejenigen, die einen positiven Einfluss auf die Lebensform haben, erhöhen ihre Überlebenschancen. Und wenn ein bestimmtes Individuum aufgrund eines zufälligen Vorteils überlebt, wird es diesen Vorteil genetisch an seine Nachkommen weitergeben. Wir dürfen jedoch nicht vergessen, dass dieser Vorteil in direktem Zusammenhang mit der Umwelt steht, in der sich diese Lebensform befindet.

Unser Planet bietet vier große Umweltbedingungen: aquatisch, atmosphärisch, geografisch und klimatisch. Wenn eine Spezies ein bestimmtes Umfeld besiedelt, wird sie die Reichweite ihrer Existenz geografisch vergrößern. Die randständigen Lebensformen werden in neue und andere Umgebungen verdrängt, die wiederum neue Anforderungen an das Individuum stellen, wenn es überleben soll. Darwin bewies, dass überlebende Arten mutieren und sich mit der Zeit an neue Umweltanforderungen anpassen.

Aber was ist mit jenen, die es nicht schaffen? Eine stagnierende Spezies wird entweder von einer ähnlichen überholt, die die Umweltgegebenheiten besser nutzt, oder sie wird untergehen, weil sie nicht in der Lage ist, die neue Umwelt zu nutzen und ihr Leben zu erhalten. Kurz und brutal gesagt: sie wird aussterben.

Das Aussterben ist der hässliche Zwilling der Evolution. So erging es den Neandertalern vor etwa 40 000 Jahren. Der Homo sapiens hatte raffiniertere Werkzeuge, besaß eine größere soziale Kohäsion und verdrängte die Neandertaler in klimatisch extremere Regionen, wo sie, da sie sich nicht schnell genug anpassen konnten, ausstarben. Die wenigen, die in den vom Homo sapiens eroberten Gebieten verblieben, paarten sich mit ihm, bis sie als Art ausstarben.

Neandertaler gehörten zusammen mit Wollmammuts, Säbelzahntigern und Riesenfaultieren zu den ersten Arten, die der moderne Mensch ausrottete. Seitdem starben Hunderte von großen und Tausende von kleinen Arten aus, was den Menschen als einen der größten evolutionären Einflüsse der Erde bestätigt.

Wenn Lebenskräfte auf der Erde auf den Menschen treffen, sterben sie entweder oder werden in einer vom Menschen kontrollierten Umgebung toleriert. Letztere erstreckt sich mittlerweile über den gesamten Planeten, mit Ausnahme von extrem kalten oder heißen Umgebungen und der Tiefsee.

Was vom Planeten im Naturzustand übrig ist, nennen wir »bewahrt«. Meiner Meinung nach ist dies falsch: Wir tun nichts damit, sondern wir schützen es vor menschlichen Einflüssen. Um wirklich zu bewahren, müssen wir der Umwelt und der Zeit Raum geben. Stattdessen tun wir eher das Gegenteil: Wir schaffen Inseln der Natürlichkeit in einer vom Menschen kontrollierten Umgebung.

Wenn diese ökologisch integren Inseln weiter eingeengt werden, nimmt die Möglichkeit der Evolution ab, während das Potenzial für ihren hässlichen Zwilling, das Aussterben, wächst. Wenn z. B. die Krillentnahme in den Gewässern der Antarktis in dem Maß zunimmt wie derzeit, dann wird der Krill, der über den halben Planeten wandert, um aus der Tiefsee aufzusteigen und das Oberflächenleben der Galapagosinseln zu ernähren, in Mitleidenschaft gezogen, auch wenn der Archipel lokal streng geschützt ist. Ohne Krill sterben die kleinen Fische aus. Dann werden die Pinguine und flugunfähigen Kormorane folgen, und die Schwärme großer Fische werden entweder sterben oder woanders hinziehen. Ohne die großen Fische werden die Robben entweder sterben oder anfangen, Meerechsen zu fressen. Und so geht es weiter.

Ich massierte meine Nasenwurzel und meine Stirn mit den Fingerspitzen. Es war keine schöne Erkenntnis. Aber für mich war sie echt. Die Menschheit folgt einem egoistischen Gen. Es beherrscht alles, was wir tun. Wir werden heute nicht für morgen handeln, wenn morgen eine Ziffer in der Darwinschen Zeit ist. Wie die Walfänger der vergangenen Jahrhunderte entscheiden wir uns heute für die Bereicherung und beachten die Folgen für die Zukunft nicht.

Ich öffnete meine Augen und sah die Sterne. Ihr Ausmaß war für mich unfassbar. Wenn ich diesen isolierten Augenblick in den Weltraum reisen lassen könnte, dann müsste irgendwo in den Weiten von Raum und Zeit der Moment sein, in dem die Evolution des Menschen vor einer Entscheidung steht: entweder einen Kompromiss einzugehen und Rücksicht auf das Leben außerhalb unseres eigenen zu nehmen und dadurch zu überleben, oder dem Egoismus zu huldigen und kopfüber auf unsere eigene Auslöschung zuzusteuern.

S. 6–7
Galápagos-Seebären,
Galapagosinseln, Ecuador

S. 12–13
Dichter Schwarm schwarz gestreifter Salemas,
Galapagosinseln, Ecuador

S. 16
Teufelsrochen,
Galapagosinseln, Ecuador

S. 18–19
Kubaflamingos, Floreana,
Galapagosinseln, Ecuador

S. 208–209
Isabela, Galapagosinseln,
Ecuador

S. 210–211
Pinnacle Rock, Bartolomé,
Galapagosinseln, Ecuador

S. 212–213
Meerechse, Santa Cruz,
Galapagosinseln, Ecuador

S. 214–215
Meerechsen am Tidebecken, Fernandina,
Galapagosinseln, Ecuador

S. 216
Meerechse beim Fressen unter Wasser,
Fernandina, Galapagosinseln, Ecuador

S. 217
Meerechse, Fernandina,
Galapagosinseln, Ecuador

S. 218–219
Galápagos-Seebären, Insel Wolf,
Galapagosinseln, Ecuador

S. 220–221
Grüne Meeresschildkröte, Isabela,
Galapagosinseln, Ecuador

S. 222–223
Braunpelikan beim Tauchen nach Fischen,
Rábida, Galapagosinseln, Ecuador

S. 224
Galápagos-Seebär und Kardinalfischschwarm, Rábida,
Galapagosinseln, Ecuador

S. 225
Galápagos-Seebär und Kardinalbarschschwarm,
Rábida, Galapagosinseln, Ecuador

S. 226–227
Eine Grüne Meeresschildkröte wird von
Kalifornischen Engelfischen geputzt, Isabela,
Galapagosinseln, Ecuador

S. 228–229
Teufelsrochen, Genovesa, Galapagosinseln, Ecuador

S. 230
Schule von Teufelsrochen, Genovesa, Galapagosinseln, Ecuador

S. 231
Grindwale bei der Rast, Galapagosinseln, Ecuador

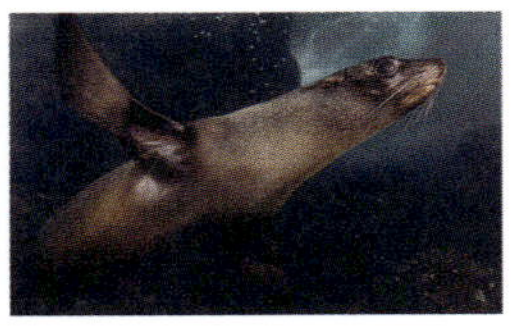

S. 232–233
Galápagos-Seebär, Rábida, Galapagosinseln, Ecuador

S. 234–235
Galápagos-Pinguine verfolgen Köderfische, Isabela, Galapagosinseln, Ecuador

S. 236–237
Galápagos-Pinguin inmitten von Fischbrut, Isabela, Galapagosinseln, Ecuador

S. 238–239
Meerechsen und Rote Klippenkrabben, Isabela, Galapagosinseln, Ecuador

S. 240–241
Steuerbarsche in einer Tornado-Formation, Isabela, Galapagosinseln, Ecuador

S. 242–243
Echte Karettschildkröte, Elizabeth Bay, Isabela, Galapagosinseln, Ecuador

S. 244–245
Meerechse und Mangrovenwurzel, Fernandina, Galapagosinseln, Ecuador

S. 246–247
Kubaflamingos, Floreana, Galapagosinseln, Ecuador

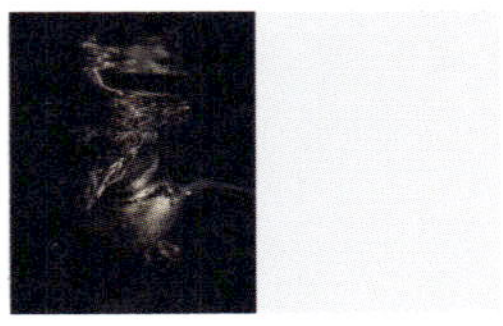

S. 334
Galápagos-Pinguin, Isabela, Galapagosinseln, Ecuador

SÜDPAZIFIK

PALAU, MIKRONESIEN, UND BANDASEE MIT SÜDOSTMOLUKKEN, INDONESIEN

MIKRONESIEN

Ein Freund von uns sieht sich selbst gerne als Pirat. Die romantische Version eines Seeräubers, der frei auf dem Meer segelt, von der Art, wie sie Robert Louis Stevenson in *Die Schatzinsel* zum Leben erweckt hat. Jene Geschichte, mit der er die Vorstellung eines »X« auf einer Karte, das die Lage eines versteckten Schatzes markiert, populär machte.

Als das Flugzeug von den tropischen Turbulenzen durchgeschüttelt wurde, konnten wir die Insel nicht sehen, die wir auf unserer Suche nach unberührten Meeren und Küsten mit einem »X« wie ein Schatzversteck markiert hatten. Es war bereits nach Mitternacht, und Palau bestand nur noch aus vereinzelten Lichtern in der ansonsten riesigen Schwärze des mittleren Pazifiks.

Beim Aufwachen am Morgen war es warm und wir sahen Uniformen. Tarnuniformen, knöchelhohe Stiefel. Im Speisesaal unseres Hotels waren sechsmal mehr Militärangehörige als Gäste. Die Amerikaner vergaßen Palau auch nach 80 Jahren nicht. 1944 wurden hier fast 10 000 von ihnen entweder getötet oder verwundet. Die Schlacht um Peleliu und seine Landebahn war eine der heftigsten des Zweiten Weltkriegs.

Am 15. September 1944 landete eine 47 000 Mann starke alliierte Streitmacht hier, unterstützt von einer überwältigenden Marineartillerie. Was die Kommandeure der Streitkräfte als rasche zweitägige Schlacht planten, entpuppte sich als eines der blutigsten und brutalsten Gefechte im Pazifik.

Die 11 000 japanischen Verteidiger hatten die ganze Insel in ein Gewirr aus Höhlen und Tunneln verwandelt, sodass sie dem schweren Artilleriebeschuss gut standhielten. Im dichten Dschungel stellten sich die Japaner nicht offen den Amerikanern, sondern bedrängten sie mit einer Guerillataktik. Eine kleine Gruppe von Verteidigern tauchte aus einer schmalen Öffnung im Boden hinter der amerikanischen Linie auf, beschoss den Gegner mit Maschinengewehren und verschwand so plötzlich, wie sie gekommen war. Der Befehl von Oberst Kunio Nakagawa an seine Truppen lautete: maximale Verluste durch Unterwanderung verursachen, niemals den Feind frontal angreifen. Blutige Nahkämpfe statt Panzer- und Artillerieduelle. Fast alle der 11 000 japanischen Verteidiger kamen ums Leben. Als die Insel schließlich fiel, mehr als einen Monat nach dem ersten Angriff, wurden weniger als 200 Japaner gefangen genommen.

Die Schlacht hinterließ auf dem Archipel zahlreiche Kriegsrelikte. In den von der Vegetation verschlungenen Tunneln finden Souvenirjäger noch immer Kisten mit Mörsern oder einen Schreibtisch mit längst erloschenen Petroleumlampen. Unter Wasser liegen Panzer, Flugzeuge mit verbogenen Propellern und Schiffe mit aufgerissenen Bordwänden. Zackenbarsche lauern inmitten enger Lukenöffnungen. Die Faszination, die manche angesichts dieser allmählich verfallenden Kriegsmonumente empfinden, ist mir zu morbide und letztlich zu traurig, um sie erkunden zu wollen. Der Schatz, nach dem wir suchten, war lebendig.

Durch das allgegenwärtige amerikanische Militär wirkt Palau heute wie ein transplantierter amerikanischer Vorort mit abgenutzter Fassade. Das ortsübliche Laisser-faire konterkariert diesen Einfluss häufig und bringt ihn in Einklang mit dem entspannten Lebens- und Zeitgefühl der Insel. Die Amerikanisierung des Archipels brachte auch den Naturschutz als Vorteil für die Bevölkerung mit sich, was uns dazu veranlasste, ausgerechnet hier das »X« unserer Schatzsuche nachdrücklich auf der Karte zu markieren.

Das 2020 ins Leben gerufene nationale Meeresschutzgebiet Palau erstreckt sich über fast eine halbe Million Quadratkilometer Ozean, was etwa 80 Prozent der exklusiven Grenzen des Lands entspricht. Für eine der kleinsten Nationen der Welt mit etwa 18 000 Einwohnern verfügt Palau nun über eines der größten Meeresschutzgebiete der Welt.

Abgesehen von den ausgewiesenen 20 Prozent ausschließlich einheimischer Fischereizonen, um die Ernährungssicherheit und die Einnahmen aus dem Tourismus für die Bevölkerung zu gewährleisten, ist der Schutz ansonsten vollständig: keine Entnahme, Punkt. Er betrifft Hunderte von Inseln, eine riesige Bandbreite von Korallenriffen, Tiefsee, steil abfallenden Unterwasserklippen und – eine Besonderheit Palaus – zahlreichen vom Land umschlossenen marinen Seen.

Auf Palau gibt es kaum Flüsse. Die Inseln bestehen entweder aus Vulkan- oder Kalkstein, die beide porös sind. Tropische Regenfälle sickern direkt durch das Gestein in den Ozean. Viele Dolinen, die sich in den Tälern der hohen, steil abfallenden Inseln gebildet haben, füllen sich eher mit Salzwasser von unten als mit Süßwasser von oben und bilden so die einzigartige Umgebung der marinen Binnenseen.

Mit Ron Leidich, einem der außergewöhnlichsten Reiseleiter, mit denen wir je zu tun hatten, an meiner Seite, saß ich etwas eingeschüchtert am Eingang zu einem seiner Lieblingsseen.

»Der Zugang zur Räuberhöhle«, meinte er grinsend, wohl um mich aus meiner offensichtlichen Reserve zu locken.

Zum See führt ein Unterwassertunnel, der sich durch den hohen Berghang vor uns schlängelte. Der Tunnel war nur etwa 15 Meter lang. Wenn ich kurz abtauchte, konnte ich das Licht am anderen Ende erkennen, aber es war eng, schlecht für meine sperrig-unhandliche Unterwasser-Kameraausrüstung. Ich musste sie vor mir herschieben, und enge Räume lagen mir noch nie. Wir wollten bei steigender Flut einsteigen, wenn die Meeresströmung in den See drückt, ein oder zwei Stunden lang die Lagune erkunden und dann mit dem ablaufenden Wasser durch den Tunnel zurück in die geschützte Bucht, wo unser Boot vor Anker lag.

Ich sah Beverly an und hob fragend die Augenbrauen. Sie nickte. Ron ging zuerst. Ich näherte mich der Tunnelöffnung, atmete so tief ein, wie ich konnte, und tauchte ab. Die Strömung war erstaunlich stark; ich hätte nicht dagegen anschwimmen können und musste kaum paddeln. Sie trug mich in die Dunkelheit, vorbei an ein paar Weichkorallen und einem einsamen Leopard-Forellenbarsch, der in einem Strudel hinter einem Felsvorsprung Schutz suchte, und hinaus in die Lagune. An der Oberfläche fand ich mich augenblicklich in einer anderen Welt wieder.

Schlanke Dschungelbäume ragten riesenhaft empor, mit bis zum Rand der Lagune hängenden Ranken. Sie versperrten den Blick zum Himmel fast völlig. Einige Ranken hingen in die Lagune, ihre Wurzeln lagen frei wie zerzaustes Haar. Wo einst Vögel auf der Suche nach Früchten und Insekten umherflatterten und -hüpften, huschten jetzt kleine Gelbschwanz-Schnapper und winzige Halbschnabelhechte mit ihren dünnspitzigen, schillerndroten Kiefern zwischen den Resten der blattlosen Äste hin und her. Ein hoher Mangrovenhain erhob sich aus dem unbewaldeten Uferbereich.

Als Beverly neben uns auftauchte, begann sich die spiegelglatte Oberfläche der Lagune zu trüben. Noch bevor wir unsere Runde starten konnten, fing es an, stark zu regnen. Und dann goss es. Wenn man von unten nach oben schaut, erzeugt der auf die Oberfläche prasselnde Regen einen ungewöhnlich grafischen, mosaikartigen Effekt. Ich suchte nach Fischen, die ich mit diesem faszinierenden Hintergrund kontrastieren konnte.

Der Regenguss sickerte direkt durch die porösen Hügel in die Lagune. Das Wasser wurde merklich kühler. Dann hörte der Regen so abrupt auf, wie er begonnen hatte, und die Sonne kam heraus. In der Helligkeit irritierte mich etwas, das durch mein Kameraobjektiv wie eine Dunstglocke wirkte. Selbst wenn ich meinen Blick vom Sucher abwendete, schien meine Sicht immer noch auf die gleiche Weise beeinträchtigt zu sein – eine wellenförmige Verzerrung der Realität wie eine Fata Morgana.

Ich klopfte Ron auf die Schulter.

»Was ist passiert?«, presste ich um meinen Schnorchel herum heraus. »Das Wasser ist getrübt.«

Ron drehte sich auf den Rücken, damit er den Mund über Wasser hatte.

»Der Regen verursacht eine Thermokline. Das Süßwasser hat eine geringere Dichte als das Salzwasser, deshalb liegt es oben. Wenn sich die beiden vermischen, entsteht eine optische Verzerrung.«

Wetar, Bandasee, Indonesien
Ein Fischer paddelt mit seinem traditionellen Auslegerboot auf das Meer hinaus, um einen Abend lang in den Küstenriffen der Insel Wetar zu fischen.

Das machte das Fotografieren schwierig. Man musste irgendwie stillhalten, wenn man unverankert und mit einer sperrigen Unterwasser-Kameraausrüstung schwamm, oder man musste unter die Süßwasserschicht abtauchen und warten, bis sich die Störung, die man verursachte, auflöste. Die Lagune war ein seltsamer Mikrokosmos: eine Welt in einer anderen. Im tiefblauen Zentrum tummelten sich mürrisch dreinblickende kleine Zackenbarsche und Schwärme junger Barrakudas, die wirbelwindartig kreisten. Der steil ansteigende Grund führte zu den Klippen und dem mangrovengesäumten Ufer, wo zebragestreifte Schützenfische zwischen krummen Wurzeln und ins Wasser gefallenen leuchtend roten und gelben Herbstblüten jagten. An manchen Stellen bedeckten weiße spinnennetzartige Pilze die Schicht aus verrottenden Blättern, an der silbrige junge Schnapper unbeweglich hingen und starr nach unten blickten, während sie auf unsichtbare Beute warteten.

Ron hatte uns ein Krokodilversteck versprochen, aber wir fanden keinen Beweis dafür. Keine Spuren im flachen Sandboden, kein verstohlenes, starres grünes Auge, das sich im Schatten der niedrigen Felsvorsprünge versteckt, über die ich auftauchte, um sie zu untersuchen.

Uns wurde kalt, und als wir uns dem Ende unseres Rundwegs näherten, schwammen wir langsam zu dritt dicht am steilen Ufer entlang. Plötzlich explodierte direkt vor uns das Wasser mit gewaltigem Getöse. Ein zwei Meter langes Krokodil hatte sich vom Ufer aus in die Tiefe gestürzt und landete bedrohlich nahe an unseren Köpfen, während es sich mit dem Schwanz rasend schnell vorwärts peitschte. Ein flüchtiger Augenblick, aber keine Schimäre, und er erinnerte mich daran, wie gut der undurchdringliche Wald von Palau seine Geheimnisse hütet.

Als wir auf dem Boot saßen und uns in der Sonne wärmten, blickte ich zurück auf die steile Insel, die wir gerade erkundet hatten. Der Eingang zum Tunnel lag versteckt unter dem Meer. Der Landweg zur Lagune wäre ein sehr steiler mehrstündiger Aufstieg durch dichten Dschungel gewesen. Dieses Land war ein Schmelztiegel der Geheimnisse. Es erinnerte mich an Leutnant Ei Yamaguchi und 33 Soldaten, die bei der Einnahme von Peleliu 1944 der Gefangennahme entgangen waren und in einem Katz- und Mausspiel aus ständigem Verstecken und Kapitulationsverweigerung überlebten. Erst 1947 konnte sie ein japanischer Admiral davon überzeugen, dass der Krieg zu Ende war.

Auf der Insel Koror nutzten die Gefreiten Minagawa und Yokoyama die dichte Deckung der Insel und das Labyrinth aus Tunneln und Höhlen, um sich bis 1953 zu verstecken, bis auch sie schließlich davon überzeugt waren, dass der Krieg beendet war.

Palau ist die Schatzinsel schlechthin, nicht nur für menschliche Geheimnisse, sondern auch für Naturforscher wie Ron Leidich, Beverly und mich. Ein Wunderland, eine Fundgrube versteckter Juwelen, ein Ort reich an isolierten Schätzen, der verzaubert. Unser »X« auf der Karte des Pazifischen Ozeans.

BANDASEE MIT SÜDOSTMOLUKKEN, INDONESIEN

Der Himmel hatte sich aufgeklärt, aber der Wind blieb stürmisch. Die Meeresoberfläche war aufgewühlt und bedeckt mit fleckig-krümeliger Gischt. Ein Schwarm Fliegender Fische brach aus der Oberfläche hervor, verfolgt von einem unsichtbaren Raubfisch. Der Wind trug den Fischschwarm direkt über das offene Deck der Proa, einem traditionellen indonesischen Segelschiff. Die Fische landeten, hüpfend und flatternd, in der Enge des schmalen Rumpfs.

»Abendessen«, verkündete ein junger Mann enthusiastisch, aber die Besatzung verzog angewidert das Gesicht. Diese Fische waren vielleicht ein guter Köder, aber kein beliebtes Essen. Man warf sie über Bord, während der Koch ungestört sein eher fades Mahl aus Sago und Trockenfisch zubereitete. Der junge Mann griff sich einen der größeren Fliegenden Fische, spreizte seine Seitenflossen und hielt sie gegen das Licht. Jede Flosse war durchscheinend und mit weißen, fast knochenähnlichen Rippen durchzogen. Aufgeklappt waren sie fast so breit wie seine Hand, zusammengeklappt lagen sie stromlinienförmig und schmal an der Flanke des Fisches an.

Seine Finger rochen tatsächlich nicht gut. Er warf den Fisch zurück ins Meer. Als er sich abwandte, fiel ihm etwas Glänzendes am Mast ins Auge, ein bunt schillernder Käfer. Der Mann hangelte sich am Mast hoch und wollte gerade nach dem Insekt greifen, als eine Welle das Schiff krängen ließ und er hart auf die gebündelte Ladung unter ihm fiel. Der Käfer hob seine gepanzerten Flügeldecken und hob schwerfällig in die Luft ab.

»Schnell, schnell«, keuchte der junge Mann und deutete auf den sich entfernenden Käfer. »Folgt ihm und bringt mir ein Netz.«

Die Besatzung runzelte die Stirn, aber sie kannte den exzentrischen Fremden und wendete die Proa in Richtung Ufer. Bald lag sie im Schutz einer Mangrovenmündung vor Anker. Der junge Mann sprang mit seinem Netz an Land und kehrte erst zurück, als es fast stockdunkel war. Der Käfer war verschwunden, aber er hatte eine Fülle anderer Insekten gesammelt, von denen fast alle der Wissenschaft unbekannt waren. Der junge Mann hieß Alfred Russel Wallace, es war das Jahr 1857.

Alfred Wallace war der Sohn eines schottischen Anwalts, der nie praktizierte und stattdessen von seinem Erbe lebte, das er verschleuderte. Alfred war gezwungen, die Schule mit 14 Jahren zu verlassen – umso bemerkenswerter, dass Wallace heute in der Ruhmeshalle der Wissenschaft Seite an Seite mit dem bekannteren Charles Darwin steht. Nicht nur, dass sein Beitrag zur Evolutionstheorie als fast gleichwertig mit dem Darwins angesehen wird – die beiden Männer tauschten sich enthusiastisch über das Thema aus –, Wallace entwickelte auch weitere Annahmen zur Evolution, die bis heute Bestand haben. Eine davon ist als die »Wallace-Linie« bekannt. Diese folgt einem Übergangsgebiet entlang der südöstlichen Spitze Asiens, wobei die Arten westlich der Linie eher mit dem asiatischen Festland und die Arten östlich der Linie mit Australien und Papua-Neuguinea in Verbindung gebracht werden.

Überzeugt von der Theorie der Anpassung der Arten an ihre geografische Umgebung, die Darwin und er teilten, stellte Wallace in Indonesien fest, dass selbst zwischen relativ nahen Landmassen eine konstante evolutionäre Aufteilung von Arten feststellbar ist: eine Kategorie, die hauptsächlich auf dem asiatischen Festland vorkommt, wie z. B. Höhere Säugetiere, und eine weitere in Australasien, wie z. B. die Beuteltiere und ähnliche einzigartige Spezies. Seine Schlussfolgerungen daraus sind noch heute grundlegend und wurden als Wallace-Linie bekannt.

Wallace glaubte fest daran, dass sich Arten als Reaktion auf geografische Unterschiede und anschließende Umweltveränderungen entwickelten, und stellte die Theorie auf, dass es irgendwann in der langen Erdgeschichte Landbrücken zwischen Gebieten gegeben haben muss, die heute Inseln sind. Doch selbst unter dieser Voraussetzung vermutete er eine noch vorhandene geografische Barriere, die Wanderungen verhinderte.

Heute wissen wir, dass in erdgeschichtlichen Zeiten, als der Meeresspiegel am niedrigsten war, Landbrücken zwischen allen Landmassen und Inseln Australiens, Papua-Neuguineas und Ostindonesiens bestanden. Zwischen diesen Landmassen und denen von Java, Borneo und den Philippinen, die ebenfalls durch Landbrücken verbunden waren, lag ein tiefer, für Wanderungen unpassierbarer Ozeangraben. Wallace konnte den Verlauf dieses tiefen Grabens, der nach ihm benannten Linie, genau bestimmen, und zwar nicht anhand von Tiefenlotungen, sondern durch Beobachtung der Differenzierung der Arten zwischen den Landmassen.

Interessanterweise treffen seine Beobachtungen sogar an der schmalsten Stelle des Grabens zu – einer Entfernung von etwa 60 Kilometern zwischen den Inseln Bali und Lombok. Australische Vögel wie Kakadus kommen auf Lombok vor, aber nicht weiter westlich, und Vögel des asiatischen Festlands wie Fasane oder Spechte kommen bis östlich von Bali vor, aber nicht darüber hinaus.

Es war ein spektakuläres Gefühl, so viele Jahre später in die Fußstapfen von Wallace zu treten und das Meer fast so unberührt vorzufinden wie er. Zugegeben, wir hatten uns die vielleicht abgelegenste Gegend Indonesiens ausgesucht. Östlich der Wallace-Linie, in der notorisch gefährlichen Bandasee, wo plötzliche Stürme und starke gegensätzliche Meeresströmungen Schiffen zum Verhängnis werden, ragt eine Reihe weit auseinanderliegender Vulkankegel aus der Meeresoberfläche: die Südostmolukken oder »Vergessenen Inseln«. Dabei handelt es sich um eine meist unbewohnte Inselkette entlang des sichelförmigen »Feuerrings«, eines aktiven tektonischen Gürtels nördlich von Osttimor und westlich von Papua-Neuguinea,. Mit Namen wie Nusa Laut, Serua, Nila, Alor und Manuk sind sie eine Versuchung für Leute wie Wallace, Beverly und mich.

Unter ihnen ragt Manuk heraus. Klein, menschenleer, steil, heiß und ziemlich trocken, wimmelt es hier von Schlangen. Nicht Schlangen an Land, sondern Schlangen im Meer. Schwimmende, tauchende Schlangen, mit einem der tödlichsten Gifte der Welt.

Kaum hatten wir auf der Leeseite der Insel Anker geworfen, waren die Schlangen auch schon zu sehen. Einige lagen still an der Oberfläche, atmeten mit leicht angehobenem Kopf und tauchten dann wieder ab. Die Anweisung unseres Tauchlehrers war klar: Unter keinen Umständen berühren! Mir kam das etwas übertrieben vor, denn ich hatte sicher nicht vor, mich mit einem der giftigsten Reptilien der Erde anzulegen. Erst später wurde mir klar, dass man keine Wahlmöglichkeit hat.

Zwei Arten von Seeschlangen kommen in der Umgebung von Manuk vor. Während wir auf unseren Tauchgang warteten, wollte ich in der Schiffsbibliothek mehr darüber erfahren. Verwirrenderweise haben Nattern-Plattschwanz, auch als Gelblippen-Meeresschlange bekannt, und der Halbgebänderte Plattschwanz, auch als Chinesische Meeresschlange bezeichnet, nicht nur verblüffend ähnliche Namen, sondern sie sehen sich auch unglaublich ähnlich.

Unterscheiden lassen sie sich erst mit etwas Übung: Der Halbgebänderte Plattschwanz wirkt im Lampenlicht gelber. Wasser absorbiert das Licht sehr schnell; mit zunehmender Tiefe werden rotes, gelbes und grünes Licht absorbiert, sodass nur noch blaues Licht übrig bleibt. In einer Tiefe von weniger als 200 Metern wird alles Licht absorbiert und das Meer ist schwarz. Die Bänderung des Halbgebänderten Plattschwanzes ist weniger ausgeprägt als die des Nattern-Plattschwanzes, dessen reines Schwarz und Silbergrau viel kontrastreicher sind. Auch der Kopf des Halbgebänderten Plattschwanzes ist eher stumpf und projektilförmig, während der Kopf des Nattern-Plattschwanzes abgeflacht und pfeilförmig ist.

Aber das waren nur kleine taxonomische Unterschiede. Am meisten faszinierte mich, wie deutlich der evolutionäre Weg vom Land- zum Wasserreptil nachvollziehbar war. Man blickte scheinbar auf eine Sprosse der Evolutionsleiter.

Träfe man eine Meeresschlange an Land an, wo sie ihre Eier ablegen muss, sähe man unzweifelhaft eine Schlange. Der einzige äußerlich sichtbare

Hinweis darauf, dass es sich um eine Meeresschlange handelt, ist, dass ihr Schwanz nicht spitz zuläuft, sondern seitlich abgeflacht und recht breit ist, was ihr beim Schwimmen hilft. In ihrem Inneren zeigt die Meeresschlange jedoch noch bemerkenswertere Anpassungen an eine marine Umgebung.

Wie die Meerechsen der Galapagosinseln entwickelten auch die Plattschwänze eine Drüse, die überschüssiges Salz ausscheidet, bedingt durch die Meeresumwelt und die fischreiche Ernährung. Auch ihre Augen sind angepasst. Anders als wir, wenn wir unsere Augen unter Wasser öffnen, nehmen Meeresschlangen die Riffe im Meer scharf wahr. Die aus meiner Sicht faszinierendste Anpassung, weil sie so eindeutig auf die Evolution hinweist, ist allerdings die Atmung.

Wie die meisten Meeresschlangen besitzen auch die Plattschwänze nur eine Lunge. Im Gegensatz zu Landschlangen, deren Lunge allenfalls ein Viertel oder ein Drittel ihres Körpers ausmacht, erstreckt sich die Lunge dieser Meeresschlangen über fast die gesamte Länge ihres Körpers. Sie können fast eine halbe Stunde lang unter Wasser bleiben, ehe sie wieder atmen müssen. Zusätzlich – die evolutionären Gründe sind mir noch ein Rätsel – können Plattschwänze über ihre Haut kleine Mengen Sauerstoff aus dem Wasser aufnehmen.

Scheinbar ist Wasser das Einzige, was ich absorbiere, wenn man meinen Harndrang nach einem einstündigen Tauchgang als Maßstab nimmt. Hinzu kommt die Furcht, die ich – anders als bei Haien – bei meiner ersten Begegnung mit einer Meeresschlange unter Wasser verspürte.

Bei unserer Tauchpremiere vor Manuk befand ich mich in etwa 20 Metern Wassertiefe auf dem Grund. Ich sah Beverly auf mich zuschwimmen und bemerkte einen Halbgebänderten Plattschwanz, der sich knapp über ihr befand, aber schnell abtauchte und fast mit ihr kollidierte. Unter Wasser kann man nicht rufen, also winkte ich verzweifelt, um ihre Aufmerksamkeit zu erregen. Sie reagierte nicht. Ich stieß zwei große Luftblasen aus, schüttelte meine Kamera und winkte mit der freien Hand, was endlich eine Reaktion bewirkte, aber da war die Schlange schon fast über ihr. Beverly erstarrte, sah die Schlange und wich ein wenig zurück, aber das Reptil zeigte nicht einmal flüchtiges Interesse an ihr und schwamm weiter zum Grund. Sie kam zum Riff, etwa drei Meter von mir entfernt, und begann sofort, in und zwischen den Korallen zu wühlen, wobei sie mich völlig ignorierte.

»Besser als Schwarze Mambas oder Klapperschlangen«, dachte ich.

Bei den folgenden Tauchgängen trafen wir häufig auf jagende Meeresschlangen und gewöhnten uns daran, dass sie fast gar nicht auf uns reagierten – aber das Beste sollte noch kommen.

Am späten Nachmittag glitten wir noch einmal über die Schwimmkörper des Beiboots ins warme klare Meer. Ich konnte das Riff in 15 Metern Tiefe sehen und tauchte langsam bis zu seiner Kante hinab, wobei ich alle paar Meter innehielt, um den Druck in meinen Ohren an die zunehmende Tiefe anzupassen. Fast sofort entdeckte ich einen jagenden Nattern-Plattschwanz. Ich schwamm schnell näher, um den schlanken Umriss des plastischen Körpers über den großen orangefarbenen Weichkorallen zu fotografieren. Unser Tauchführer, Nelwan Mamonto, klopfte mir auf die Schulter und bedeutete mir und Beverly, ihm in die Tiefe zu folgen. Eigentlich wollte ich noch bleiben, aber Nelwan spürte instinktiv, wofür ich mich interessierte, also vertraute ich ihm.

In knapp 20 Metern Tiefe hielt er in einem Bereich des Riffs an, in dem unzählige riesige kastanienbraune Vasenschwämme wuchsen. Dazwischen tummelten sich regenbogenbunte kleine Fische, und ich brachte mich knapp über der Riffoberfläche auf neutralen Auftrieb, um die Schwämme mit den bunten Fischschwärmen an ihrer Basis hervorzuheben. Plötzlich tauchten die Fische unisono in den Schutz des Riffs ab. Ein Schwarm Dickkopf-Stachelmakrelen zog schnell vorüber. Nelwan klopfte Metall auf Metall, eines der wenigen Geräusche, die man unter Wasser deutlich hört, und bedeutete uns, ihm zu folgen.

Kaum 20 Meter weiter trafen wir frontal auf sechs Meeresschlangen, die sich im Gleichtakt über das Riff hinweg auf uns zubewegten. Wir konzentrierten uns, während die Schlangenschar in die Spalten des Riffs eindrang und jenseits im Garten der riesigen Vasenschwämme verschwand. Ich hatte in Gedanken bereits ein Foto komponiert und ließ die Schlangen herankommen, bis ein paar von ihnen dem gläsernen Aufsatz am Unterwassergehäuse meiner Kamera ausweichen mussten. Ich verharrte angespannt und hoffte, dass ich nicht versehentlich eine Schlange gegen das Riff stieß oder sie einquetschte, sodass sie zubeißen würde. Eine blitzartige Bewegung im Sucher veranlasste mich, den Kopf zu heben und mich umzusehen.

Der Anblick machte mir eine Gänsehaut auf Nacken, Rücken und Armen. Die Nackenhaare stellten sich aufrecht. Ein Paar Dickkopf-Stachelmakrelen schoss vorbei; ein blau-gelber Blitz. Aber hinter ihnen, vielleicht zehn Meter entfernt, kam eine Wolke aus Meeresschlangen direkt auf mich zu. Ich befand mich mitten in einer Rudeljagd; das zuvor stille Meer verwandelte sich in einen Strudel brodelnder Aktivität.

Die Schlangen rückten vor wie eine Wand, drangen in jeden Winkel des Riffs vor und ließen den unzähligen kleinen Rifffischen, die sich dort versteckten, keinen Ausweg. Sie wurden ins offene Wasser vor das Rudel aus Dickkopf-Stachelmakrelen, Schnappern, Zackenbarschen und Cavallas getrieben, das jetzt wie ein Hurrikan durch mein Sichtfeld wirbelte. Die Schlangen waren zu zahlreich, um ihnen auszuweichen. Sie schwammen zwischen meinen Armen und Beinen hindurch, schlängelten sich um meinen Hals und Kopf und sondierten die mit Knöpfen versehene Oberfläche meines Kameragehäuses. Ich schmeckte heißes und metallisches Adrenalin im Mund.

Ich ertappte mich dabei, den Atem anzuhalten, weil ich befürchtete, dass meine Luftblasen einen instinktiven Biss auslösen könnten. Zu viele Lebewesen schwammen in meinem Blickfeld herum, als dass ich ein Foto hätte machen können, und ich hatte Angst, dass meine sich bewegenden Fingerspitzen als Beute interpretiert werden könnten.

Und dann war alles vorüber. Beverlys Augen glänzten in ihrer Maske. Ich drückte ihren Arm. Nelwan kam heran, nahm den Atemregler aus dem Mund und strahlte. Wir strahlten zurück und folgten dann mit dem restlichen Atemluftvorrat der Meute, wobei wir Fotos von den Schlangen machten, die hinter uns blieben.

Am Abend saß ich allein auf der Treppe, die von der nun stillen Brücke zum Vordeck hinunterführte. Irgendwo am Heck des Schiffs spielte jemand Gitarre, ein leiser in der unbewegten Luft schwebender Klang. Manuk erhob sich als dunkle Silhouette wie eine Festung aus dem Meer, das im Licht des Halbmonds silbrig glänzte.

Ich fühlte mich rundum zufrieden. So sieht unberührte Erde aus. Hier hatten wir sie gefunden. Die Meeresschlangen waren wahrscheinlich ans dunkle Land geschlüpft und schmiegten ihre Körper an die warme Erde, um sich mit der Lebenskraft aufzuladen, die ihnen das vergleichsweise kühle Meerwasser entzogen hatte. Wie lange hatte es gedauert, bis sie ihren heutigen Entwicklungsstand erreicht hatten? Wie viel Zeit brauchten sie noch, bis sie vollständig unter Wasser bleiben und durch ihre Haut atmen konnten?

Mir wurde klar, dass wir Menschen die wahrscheinlichste Ursache sind, dass dies nicht geschehen würde. Wir verändern die Erde, die Ozeane, schneller, als jede Art evolutionäre Anpassung vornehmen kann. Wo liegt dann unsere Verantwortung, wenn überhaupt? Bewahren wir, schützen wir? Zwingen wir uns, auf unser unersättliches Nehmen und Überziehen zu verzichten?

Kurz: Entwickeln wir uns im Bewusstsein notwendiger Veränderungen an uns selbst, die eine symbiotische gemeinsame Nutzung unseres Planeten mit allem Leben ermöglichen würden? Oder entwickeln wir uns egoistisch, unter dem Druck des Pragmatismus, um unser eigenes Überleben zu sichern? Nur wenn wir uns wandeln, um uns an die Veränderung der Umwelt anzupassen, kann die Evolution erfolgreich sein.

S. 272
Drachenköpfe und Weichkorallen,
Alor-Archipel, Indonesien

S. 273
Sattel-Spitzkopfkugelfisch vor Karibischem Fächer,
Alor-Archipel, Indonesien

S. 274–275
Halbgebänderter Plattschwanz und Vasenschwamm
mit Leopard-Forellenbarsch und Steinkoralle,
Manuk, Indonesien

S. 276–277
Großaugen-Stachelmakrelen,
Bandasee, Indonesien

S. 278
Halbgebänderter Plattschwanz über
Vasenschwamm, Manuk, Indonesien

S. 279
Ein Paar Mandarinfische,
Banda Neira, Indonesien

S. 280–281
Gelbe Pyramidenfalterfische,
Bandasee, Indonesien

S. 282–283
Schleierbäumchen-Spinnenkrabben
auf der Suche nach Weichkorallen,
Bandasee, Indonesien

S. 284
Goldstreifen-Kardinalbarsche über
Leuchtkorallen, Alor-Archipel, Indonesien

S. 285
Flötenfisch an einer Ohrenlederkoralle,
Bandasee, Indonesien

S. 286–287
Schule von Hammerhaien,
Nila, Indonesien

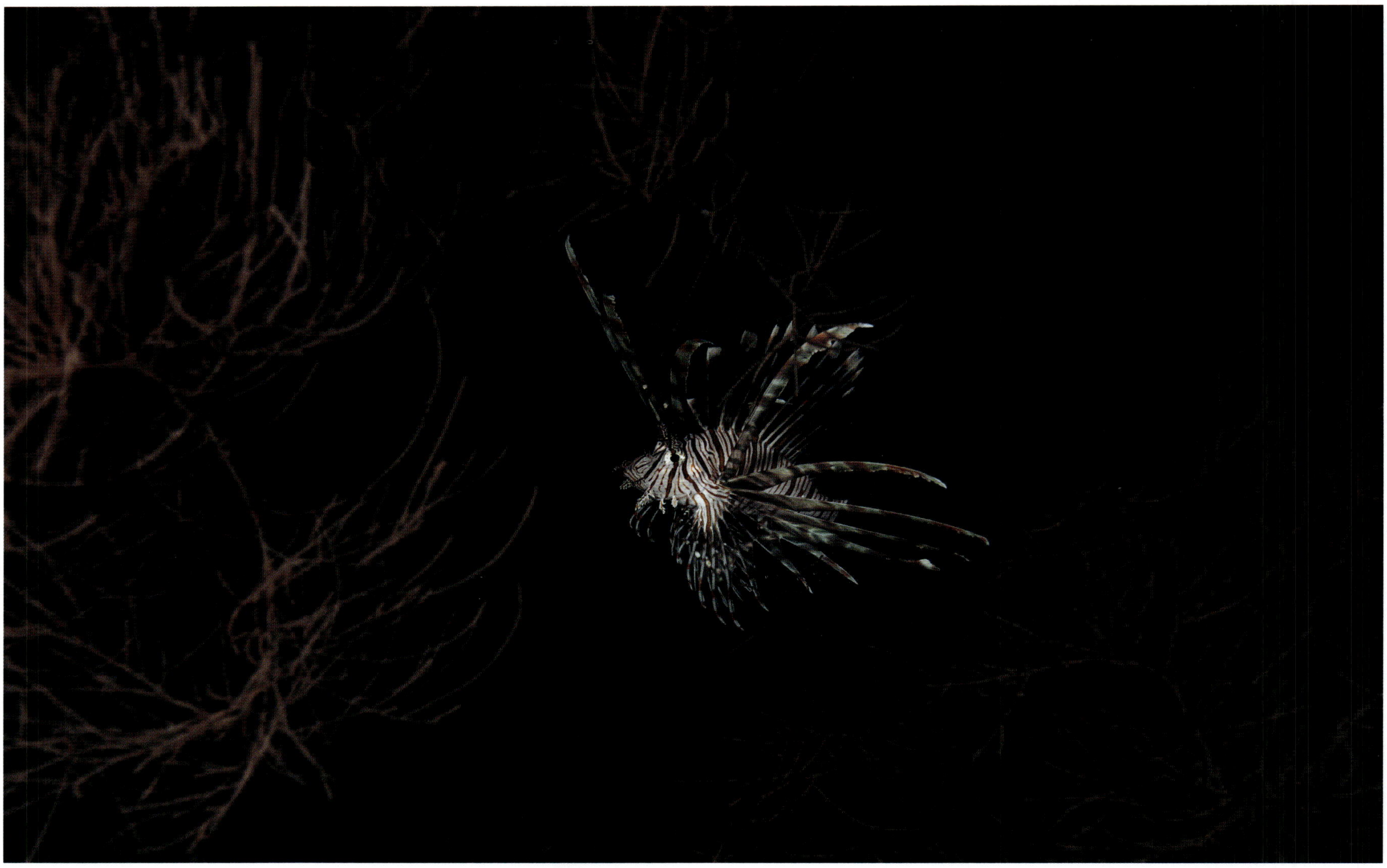

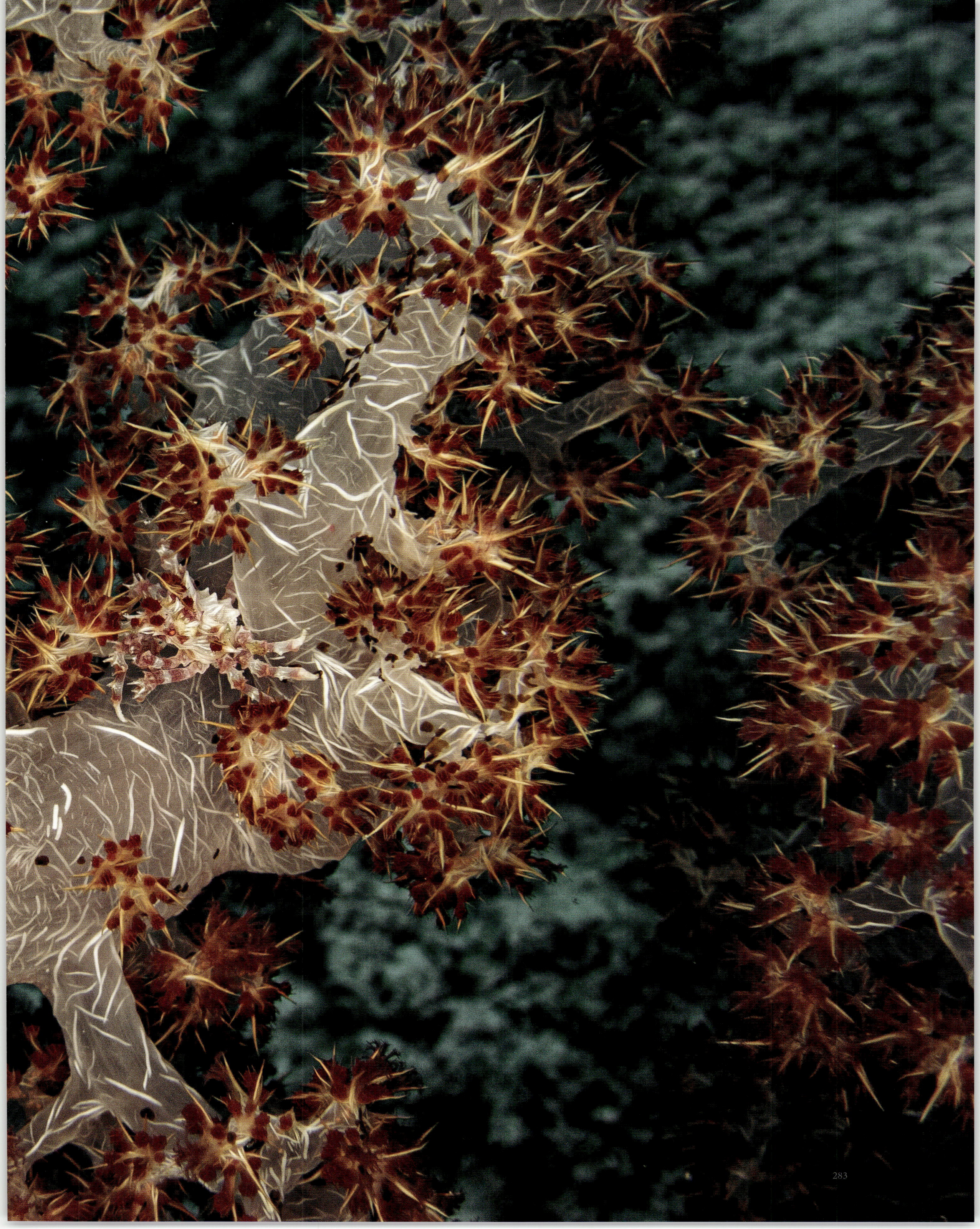

POLARMEERE

ARKTIS, ANTARKTISCHE HALBINSEL UND SÜDGEORGIEN

Das Wummern der Motoren hält die Elemente hier in Schach. Es hört nie auf, eine Vibration, der man nicht entkommt, ganz gleich, wo man sich auf dem Schiff befindet. Man spürt es an den Füßen, am Geländer, das man umklammert, um sich gegen den Wellengang zu stemmen, am Sitz, auf dem ich Platz genommen habe. Und laut ist es auch – laut genug, dass ich meine Stimme erhebe und mich vornüber lehne, um die Antwort zu hören, obwohl wir dicht gedrängt um den Salontisch sitzen. Erst wenn der Anker laut rasselnd ins Meer gefallen ist, wird der Motor abgestellt. Die folgende Stille kommt plötzlich und überwältigend. Das Plätschern der Wellen gegen den Rumpf, nur wenige Zentimeter von meinem Ohr entfernt. Das Seufzen des Winds in den Aufbauten, der plötzliche Schlag einer kalten Fallwindböe, die von den schneebedeckten Felsgipfeln herunterfaucht, wie eine riesige flache Hand, die gegen die Bordwand schlägt: »Tschack!« Das Schiff krängt angesichts der Wucht.

In dieser Stille werden wir daran erinnert, wo wir uns befinden. Außerhalb der dünnen Haut unserer schützenden Blase ist die Welt da draußen so wild und feindselig wie damals, als sie Sir Ernest Shackletons *Endurance* zermalmte; als sie Robert Falcon Scott durch einen so heftigen Schneesturm ans Zelt fesselte, dass seine gesamte Gruppe, unfähig sich zu bewegen, umkam; als das ganz normale Wetter Salomon Andrées, Knut Frænkels und Nils Strindbergs Versuch, mit einem Ballon zum Nordpol zu fahren, scheitern und sie auf der abgelegenen Insel Kvitøya qualvoll sterben ließ. Ein wildes Reich, gefroren, bitterkalt. Ein Land aus Schnee, Eis und nacktem Fels, heimgesucht von einem grausamen Wetter.

Ein paar Tage zuvor war das allgegenwärtige Motorengeräusch durch das Kratzen von Eis am Rumpf abgelöst worden. Ich stürzte auf die Brücke. Ich lernte die Kraft und Stärke des Eises am eigenen Leib kennen. In Ushuaia, am südlichsten Punkt Patagoniens, klaffte ein acht Meter langer Riss in der Bordwand, als wäre sie von einem riesigen Dosenöffner eingedrückt worden. Ich erinnere mich deutlich daran, dass das Schiff zwar groß war, fast 100 Meter lang und mehrere Stockwerke hoch, aber wie verletzlich und klein es durch diesen Riss wirkte; wie er die kühne Fassade in zerbrechliche Demut verwandelte.

Bei einer anderen Gelegenheit versuchte der Kapitän unseres Schiffs in der Arktis, eine Passage durch das Pfannkucheneis zu öffnen, das eine Meerenge blockierte. Mit der mäßigen Geschwindigkeit von zwei oder drei Knoten rammte er einen Einschnitt in eine flache Scholle, die keine 60 Meter breit war. Der Bug des Schiffs tauchte heftig ein, zwei Meter gegen den Wind, und das Schiff kam zum Stillstand. Alle losen Gegenstände an Bord wurden zu Boden geschleudert. Das Eis zuckte nicht einmal.

Auf der Brücke stellte ich erleichtert fest, dass es sich nur um matschiges Brucheis handelte, lose kleine Brocken, die sich zusammengeballt hatten und durch die wir uns hindurchzwängten. Wir durchquerten das Eis ohne Zwischenfälle, aber es hatte mir die Augen geöffnet und ich blieb auf der Brücke. Draußen erhob sich das Land sanft gewellt in die dichten niedrigen Wolken.

Am Meeresrand erkannte man die weichen Konturen aus mehrere 10 000 Jahre altem Schnee, der sich wie die Jahresringe eines wachsenden Baums Schicht für Schicht aufbaute. Auf einem zerklüfteten und gezackten Untergrund aus schwarzem Gestein lag der Schnee manchmal 30 oder mehr Meter hoch. Plötzlich wurde mir bewusst, wie gefährlich nahe wir dieser abgelegenen und tödlichen Umgebung waren, und ich fragte mich, was mich und andere hierher trieb. Was war es, das in mir eine fast körperliche Anziehungskraft auslöste, was mich wie eine Motte in die tödliche Flamme zog?

Im Salon stellte ich diese Frage einem Mitreisenden. Wie ein Guru glaubte er an kosmische Einheit, an die Ausrichtung menschlichen Geists an den Kräften der Masse und des Lichts, die in der gesamten Galaxie und darüber hinaus kunstvoll arrangiert waren. Er fiel auf mit seinen schwarz lackierten Zehennägeln, dem schütteren silbernen Haar und dem schweren Memoirering, der an einem Band um seinen Hals hing. Ich wollte eine tiefsinnigere Antwort als das übliche »Pinguine«. Aus früheren Gesprächen kannte ich ihn als bedächtig und wortgewandt, er sprach langsam mit heiserer Stimme, die spirituelle Sucher in ihren Bann ziehen musste, wie ich vermutete.

»Was hat Sie hierher geführt?«, wollte ich wissen. »So weit weg, an einen so feindlichen Ort?«

»Wie können Sie das fragen?«, rief er.

»Man kann im Grunde überall auf dem Planeten stehen und sich konzentrieren, alle Ablenkung ausblenden und sein Bewusstsein mit der Erde verbinden. Welchen Unterschied macht es, wo man das tut?«

»Ich kann nicht glauben, dass Sie so denken«, meinte er kopfschüttelnd. »Wir sind hier dem südlichsten Punkt des Planeten so nahe wie nirgendwo. Das ist die Achse der Erde, der Drehpunkt, durch den alle Kraftfelder der Erde laufen.«

Seine Hände betonten seine Worte, indem sie sich geballt vom Bauch erhoben, um sich mit ausgestreckten Fingern wie eine sich öffnende Blüte über seinem Kopf zu entfalten, einen weiten fahrigen Kreis zu beschreiben, um dann geballt zum Ausgangspunkt zurückzukehren.

»Es ist der Ursprung unserer Verbindung mit Kräften, die uns in eine Linie mit dem Universum bringen. Die Harmonisierung, die Wege, die uns den spirituellen Zusammenhalt und die Erleuchtung bringen, wer und wie wir sein sollen.«

Ich teilte weder seinen Glauben noch seine Überzeugung, aber ich fand es angebracht, mich im Hinblick auf das, was er ausgedrückt hatte, zu hinterfragen. Im Schmelztiegel dieses extremen Orts verspürte ich zweifellos Spiritualität und Vitalität. Aber die Wurzel, mein Kern, der auf diesen Ort reagierte, schien mehr Freude als ein Gefühl von Göttlichkeit zu sein. Hier ist die Erde wie überall sonst, nur dass sie unberührt ist. Und unwiderstehlich schön. Das geht zu Herzen.

Angesichts der zunehmenden Zahl von Schiffen, die die Polarregionen besuchen, zieht es die Menschen wohl an diese lebensfeindlichen Orte, weil sie unseren Wunsch teilen, vor unberührter Erde zu stehen. Eine Landschaft zu sehen, die frei von menschlichen Einflüssen und Eingriffen ist. Unter Lebewesen zu wandeln, die nicht ängstlich fliehen, sondern dich nicht mehr respektieren als jede andere Spezies. Für einen Moment in eine Zeitschleife einzutauchen und vor der bemerkenswerten Wahrheit unseres natürlichen Planeten zu stehen.

Aber wie bei allem Menschlichen verschiebt sich das Paradigma. *Terra incognita* (unbekanntes Land) forderte den Menschen schon immer heraus. Der Forscherdrang, über den Horizont hinauszublicken, ist tief in unserer Psyche verwurzelt, und während es uns selbst selten gelingt, verehren wir diejenigen, die es schaffen. Legenden erzählen von jenen, die beim Versuch starben. Unsere Denkmäler sind Helden gewidmet, denen es gelang, ein Land zu erschließen, das in unserer Vorstellung lebendig und gefahrvoll ist. Nur wenige wurden diesem Ruf über Jahrhunderte hinweg so gerecht wie die Entdecker der Polargebiete.

Die Reise von Sir Ernest Shackleton auf der *Endurance* im Jahr 1915 ist die wohl größte Überlebensgeschichte aller Zeiten. Nach zehnmonatiger Einschließung zermalmte das Eis das Schiff und zwang die Entdecker, mit ihren Rettungsbooten auf dem Eis zu kampieren, bis es schließlich ein Jahr später zu brechen begann. Dann segelten und ruderten sie mit ihren Rettungsbooten durch die tückische See nach Elephant Island. Dort blieben 22 Männer zurück und nutzten die Rettungsboote als Unterschlupf, während Shackleton und fünf andere in einer sieben Meter langen Nussschale 1300 Kilometer durch das wildeste Meer der Welt segelten, um Stromness auf Südgeorgien zu erreichen. Shackleton unternahm drei erfolglose Versuche, um seine Männer zu retten, ehe ihm dies am 30. August 1916 gelang.

Vier Monate lang hatten seine Männer durch den Verzehr von Pinguinen und Robben überlebt und deren Fett zum Heizen und Beleuchten genutzt.

Ich stand auf Elephant Island, jener schmalen Landenge, auf der diese 22 Männer gestrandet waren. Sie ist winzig, kleiner als mancher Garten einer Vorstadtsiedlung. Sie besteht hauptsächlich aus Felsbrocken, mit einem schmalen strandähnlichen Kiesabschnitt, und ist immer noch von Pinguinen bevölkert. Als ich am Meer stand und mich umwandte, um das Ausmaß des Dramas zu erfassen, das sich hier abgespielt hatte, ging mir der Name von Shackletons Schiff nicht mehr aus dem Kopf. *Endurance*. Ausdauer.

Doch nicht Shackleton kommt mir jedes Mal in den Sinn, wenn ich in den eisigen Extremzonen unseres Planeten die Geborgenheit eines Schiffs verlasse und an Land gehe, sondern Kapitän Lawrence Oates. Seine Geschichte hat sich in mein Gedächtnis eingebrannt.

Kapitän Oates gehörte zu der fünfköpfigen Gruppe der verhängnisvollen Expedition von Robert Falcon Scott, die als erste den Südpol erreichen wollte. Als sie am 17. Januar 1912 am Südpol ankamen, war ihnen Roald Amundsen um mehr als einen Monat zuvorgekommen. Das demoralisierte Expeditionsteam musste den beschwerlichen Rückweg antreten, von Schneestürmen geplagt, mit kaum brauchbarer Ausrüstung und zu weit verstreuten Lebensmittel- und Vorratslagern. Lawrence Oates erlitt schwere Erfrierungen, die zum Teil auf schlechte Ernährung und ungeeignete Kleidung zurückzuführen waren.

Die Mannschaft musste die Schlitten mit ihren Zelten und Vorräten aus eigener Kraft nach Norden ziehen. Oates, der aufgrund von Erfrierungen kaum laufen konnte, erkannte, dass er das Überleben der Gruppe gefährdete.

Greenwich Island, Antarktische Halbinsel

Eselspinguine verlassen ihren Nistplatz Yankee Harbour zum Fressen im Meer. Das Nest wird vom Partner bewacht, um die Eier auszubrüten oder die jungen Küken gegen Raub- und andere Möwen zu schützen.

In der Nacht des 16. März 1912 stand er auf, öffnete die Klappe des Zelts und sagte: »Ich gehe mal nach draußen, es kann eine Weile dauern.« Er schloss das Zelt hinter sich, verschwand im Schneesturm und kehrte nie zurück.

Seine selbstlose Tat bleibt einer der ergreifendsten Momente der Polarforschung. Sie setzt auch ein Ausrufezeichen für die Realität der polaren Umwelt, das ich mir immer wieder vor Augen führe, denn die Umwelt ist heute noch genauso ungezähmt wie damals.

Ich staune über die Selbstverständlichkeit, mit der Lebewesen diese Gefilde bewohnen. Ein Pinguin taucht aus dem Meer auf, das so kalt ist, dass das Eis darin nicht schmilzt, schüttelt die Tropfen von seinem Schnabel und aus seinen Schwanzfedern und watschelt dann in einen Sturm hinein, der Stein- und Eispartikel waagrecht über die Landschaft schleudert, um seine Partnerin hoch oben auf einem kargen Felshang bei der Wache am Nest aus nackten Kieselsteinen abzulösen.

Ich beobachtete fasziniert, wie ein Eisbär von einem Eisberg ins eiskalte Meer glitt, um sich an eine schlafende Robbe heranzupirschen, ohne eine Welle zu verursachen. Er schwamm mit dem ganzen Körper unter Wasser, nur seine Nase und Augen ragten krokodilartig aus dem Wasser. Vor einem Eisberg tauchte er ab, wieder ohne Wellen zu schlagen und lautlos. Er blieb etwa eine Minute lang tief unter Wasser, aber als er auf der anderen Seite wieder auftauchte, hörte man kein Ausatmen.

Mit mir an Deck war der wohl bedeutendste Eisbärenforscher der Welt, Dr. Ian Stirling. Durch ihn erfuhr ich, dass Eisbären – obwohl sie äußerst fähige Schwimmer sind – nach Möglichkeit immer einen längeren Weg wählen, der die Chance bietet, trocken zu bleiben, statt einer kürzeren alternativen Route, die Schwimmen erfordert. Inzwischen sind Eisbären jedoch gezwungen, häufiger und über größere Entfernungen zu schwimmen, weil die Klimaerwärmung dazu führt, dass das Meereis in der gesamten Arktis vorzeitig und in größerem Umfang abbricht.

Die US-Behörde für Kartografie untersuchte die zunehmenden Entfernungen, die Eisbären angesichts der schrumpfenden Eisdecke zurücklegen müssen. Dabei stellte der Forscher George Durner fest, dass eine Eisbärin und ihr einjähriges Jungtier das letzte Meereis in der Beringsee verließen und zu schwimmen begannen. Neun Tage später tauchte sie schließlich an der Küste Alaskas wieder aus dem Wasser auf. Sie hatte unglaubliche 687 Kilometer durch eiskaltes Meer zurückgelegt und dabei 22 Prozent ihres Körpergewichts und ihr Junges verloren.

Je mehr ich erfuhr, desto mehr kristallisierte sich der Eisbär als unfreiwilliges, aber zwangsläufiges Sinnbild für die faktische Realität des Klimawandels heraus, die man nur noch vorsätzlich ignorieren kann.

Oberflächlich betrachtet denkt Dr. Stirling in dieser Hinsicht pragmatisch und emotionslos. Wenn das Meereis in der Arktis aufbricht, driftet es tendenziell nach Süden, wo es schließlich schmilzt. Wenn das Meereis frühzeitig und in größerem Umfang bricht, sitzen unerfahrene Eisbären auf immer kleiner werdenden Eisflößen, bis sie schließlich ohne Halt und zu weit von anderem Eis entfernt ertrinken.

Seit den 1970er-Jahren wird im September die Ausdehnung des Meereises in der Arktis genau registriert, am Ende des regionalen Sommers, wenn die Ausdehnung voraussichtlich am geringsten ist. In den 1970er- und 1980er-Jahren betrug die durchschnittliche Ausdehnung des Meereises etwa 7,5 Millionen Quadratkilometer. In den 1990er-Jahren nahm die Eismenge jedoch ab, bis sie durchweg eine Million Quadratkilometer kleiner war als in den beiden vorangegangenen Jahrzehnten. Als wir mehr Kohlenstoff in die zwölf Kilometer dicke Atmosphäre, die unseren Planeten umgibt, pumpten, beschleunigte sich der Rückgang des Meereises in der Arktis. Im Jahr 2010 blieben weniger als 3,5 Millionen Quadratkilometer bis zum Ende des Sommers erhalten. In weniger als einer Generation ist die feste Eisfläche der Arktis um mehr als die Hälfte geschrumpft.

Um das Ausmaß der Verwüstung greifbar zu machen: Die Staaten Texas, Kalifornien, Montana, New Mexico, Arizona, Nevada, Colorado, Oregon, Wyoming und Michigan in den USA würden vollständig unter Wasser stehen. Ende Gelände. Was einst fest war, ist jetzt Meer. Ich halte inne. Ein Tribut an die menschliche Gleichgültigkeit gegenüber dem Klimawandel in einem Ausmaß, das nur in einer Tragödie enden kann.

Freemansundet, Spitzbergen, Norwegen

Ein Eisbär schwimmt zwischen Eisbergen auf der Jagd nach auf dem Eis ruhenden Robben.

Dabei scheinen die Polarmeere schon immer unter dem Einfluss des Menschen gelitten zu haben. Der Fußabdruck der Entdecker war eher harmlos, vielmehr waren es diejenigen, die ihnen oft zuvorkamen, die kommerzielle Ziele verfolgten und zu Architekten brutaler Veränderungen wurden.

Allein im 20. Jahrhundert wurden – abgesehen von der viktorianischen Ära der Öllampen und Fischbein-Korsetts – fast drei Millionen Wale von Norwegen, der Sowjetunion, Deutschland und Großbritannien erlegt. Darunter waren fast 99 Prozent aller Blau- und Seiwale. Diese Zahl übersteigt in Biomasse umgerechnet die der Todesopfer beider Weltkriege zusammen und entspricht etwa einem Drittel aller Menschen auf der Erde. Alles, was die Leute, die von diesem Gemetzel profitierten, als Tribut an all die Pracht und das Leben, das sie nahmen, hinterließen, ist Stille, ein leeres Meer.

Mithilfe der Erzählungen der Überlebenden, nicht der der Täter, können wir unsere Geschichte aufarbeiten und Wiedergutmachung leisten. Wir versprechen uns selbst und verpflichten uns gegenüber anderen, aus unseren schmerzhaften Lektionen zu lernen und im Wandel Erlösung zu finden. Ich höre es in den Klängen und Gesängen der Wale.

In der Weihnachts- und Neujahrszeit 2024/25 fuhren wir mit einem Expeditionsschiff zur Charlotte Bay vor der antarktischen Halbinsel, um nach einem einsamen Kaiserpinguin zu suchen, den unser Schwesterschiff gemeldet hatte. Eine dichte feucht-graue Wolkendecke lag in der Umgebung des Hochlands. Sie hing tief und kühl über dem Ozean und machte unsere Welt begrenzt und merklich still. Zwischen Pfannkucheneis von Häuserblockgröße sah man das Treibgut von Eisbergen. Das Schiff fuhr langsam im Zickzack durch die dunklen Adern offenen Wassers in Richtung der Bucht. Als uns das Eis schließlich den Weg versperrte, stiegen wir in die Schlauchboote, um den letzten Vorstoß in die Bucht hinein zu unternehmen.

Wir fanden den Kaiserpinguin am Rand der riesigen Fläche aus uferfestem Pfannkucheneis und stoppten die Motoren, ehe wir sanft an Land drifteten. Das laute Motorengeräusch versank buchstäblich in der extremen Stille. Bis auf ein Mitglied unserer Gruppe redeten alle im Flüsterton. Ich beobachtete den einsamen Pinguin, aber tief in mir waren es der Ort, an dem dieser Pinguin lebte, die bittere Kälte und die völlige Absenz jeglichen Geräuschs, die mich überwältigten.

»Pffuuch!« Der unverwechselbar laute Blas eines Wals schien die zerbrechliche Kristallkugel um uns herum zu zerschmettern. Ich wirbelte herum. Der Wal war keine 25 Meter entfernt aufgetaucht, direkt am Rand der uferfesten Eisfläche. »Pffuuch!« Zwei weitere Wale durchbrachen die engen Grenzen unseres sichtbaren Horizonts. Ihr markanter gewölbter Rücken und die hakenförmige Rückenflosse hoben sich deutlich von der seidenglatten See und der monoton hellen Landschaft aus Eis und Schnee ab.

Während der nächsten Stunde patrouillierten wir im Zickzack durch die Charlotte Bay, während um uns herum eine Vielzahl von Walen auf Nahrungssuche ging; mehrmals glitten welche direkt unter unserem weniger als walgroßen Schlauchboot hindurch. Plötzlich begann das Meer zu gefrieren, und zwar durch eine unmerklich zunehmende Kälte. Die Oberfläche gerann wie warme Butter, und es wurde für den Motor immer schwieriger, uns durch die schwimmenden Eisflächen zu schieben, die sich nun rasch aneinanderfügten.

Wir verbrachten 35 angespannte Minuten damit, den weichen Eismatsch zur Seite zu schieben und zu stoßen, bis wir in der Lage waren, einen Saum offenen Wassers zu finden und aus der schnell gefrierenden Falle im Inneren der Bucht herauszufahren.

Während sich das Schiff seinen Weg durch die eisbedeckte Bucht und zurück ins relativ offene Wasser der Gerlache-Straße bahnte, stand ich draußen im Windschatten der Brücke, mit fröstelnden Gliedmaßen, aber inwendig fühlte ich heiße Freude über die Rückkehr der Wale aus dem Exil.

Unser Erlebnis erfüllte mich mit trostreicher Genugtuung über die Widerstandsfähigkeit der Natur, über die Rückkehr des Majestätischen. Darüber, dass die Zeiten der Ausbeutung der Natur zum Zwecke des Profits, zumindest hier, Vergangenheit waren. Dass die wichtigste kommerzielle Unternehmung, die heute in den Polarregionen betrieben wird – der Tourismus –, im Wesentlichen gutartig ist. Dass wir im letzten halben Jahrhundert den Wert einer intakten und unberührten Umwelt schätzen gelernt haben. Aber das war ein Irrtum.

Als wir ins offene Wasser der Gerlache-Straße einfuhren, wo man Wale zwischen den Ausläufern der zerklüfteten Küste bei der Nahrungsaufnahme beobachten konnte, entdeckten wir zwei Krillfang- und Fabrikschiffe und später noch ein drittes.

Überrascht erfuhr ich, dass sie tatsächlich legal hier operierten, obwohl das Madrider Protokoll (das Umweltschutzprotokoll zum Antarktis-Vertrag von 1991) in seinem Artikel 2 »Ziel und Bezeichnung« eindeutig besagt:

> Die Vertragsparteien verpflichten sich zum umfassenden Schutz der antarktischen Umwelt sowie der abhängigen und verbundenen Ökosysteme und bezeichnen hiermit die Antarktis als ein dem Frieden und der Wissenschaft gewidmetes Naturreservat.

Artikel 3 »Umweltschutzgrundsätze« bestimmt:

> b) werden Tätigkeiten im Gebiet des Antarktis-Vertrags so geplant und durchgeführt, daß folgendes vermieden wird: […]
>
> iv) schädliche Veränderungen in der Verteilung, Häufigkeit oder Produktivität von Tier oder Pflanzenarten oder deren Populationen; […]
>
> vi) die Schädigung oder erhebliche Gefährdung der Gebiete von biologischer, wissenschaftlicher, historischer oder ästhetischer Bedeutung oder der Gebiete mit ursprünglichem Charakter;

Wie ein riesiges, fast 130 Meter langes Krillfang- und Fabrikschiff nicht nur die oben genannten Kriterien erfüllen soll, sondern noch in der Gerlache-Straße der Antarktischen Halbinsel operiert, wo gefährdete Blau- und Seiwale, Finn-, Buckel- und Schwertwale sowie alle Arten antarktischer Pinguine in höchster Dichte vorkommen, können wohl nur diejenigen verstehen, deren Wertmaßstab und Verständnis für die Absichten des Madrider Protokolls ganz anders sind als meine. Es ist mir auch unbegreiflich, wie man es für wichtig genug halten kann, eine der letzten Bastionen der ökologischen Zuflucht, des Wohlstands und der Sicherheit zu gefährden, um eine weitere Quelle für Fisch, Viehfutter und Omega-3-Öl zu erschließen, für die es bereits Hunderte von alternativen Quellen gibt.

Als ich in der schneidenden Antarktiskälte an der Reling des Vordecks kauerte und das Krillfang- und Fabrikschiff beobachtete, musste ich an Cormac McCarthys Buch *Kein Land für alte Männer* denken.

In seiner Saga schildert McCarthy, wie die Werte des Guten und der Rücksichtnahme gewalttätig unter die Räder kommen, wenn eine Macht ohne Moral und Verantwortungsgefühl die Oberhand gewinnt. Als ich die unbemannten KI-gesteuerten Satellitensonden des Fang- und Fabrikschiffs beobachtete, die vor ihm nach der größten Krillkonzentration suchten, dachte ich daran, dass sich der Mensch, abgesehen von den technologischen Fortschritten der letzten anderthalb Jahrhunderte, seit den Boomzeiten der Walfänger kaum verändert hat. Vielleicht hatte McCarthy recht.

Aber ich bin von Natur aus kein Pessimist, und bevor mich die Kälte wieder nach drinnen trieb, erinnerte ich mich an ein Edmund Burke zugeschriebenes und von Präsident John F. Kennedy zitiertes Wort: »Das Böse triumphiert allein dadurch, dass gute Menschen nichts unternehmen.« Heute besuchen Tausende Menschen die Polarmeere und wir hoffen, dass einige von ihnen zu Botschaftern werden. Als ich aufstand und das Gefühl in meine kalten tauben Beine zurückkehrte, erinnerte ich mich an etwas anderes, etwas, das der »Guru der kosmischen Zugehörigkeit« mir gesagt hatte:

»Es ist der Prophet, der in die Wüste geht, aber es ist die Wüste, die in den Propheten zurückkehrt.«

S. 4–5
Stürmische See und Eisberg,
Antarktische Halbinsel

S. 288–289
Port Charcot, Booth-Insel,
Antarktische Halbinsel

S. 290–291
Eisberge, Gerlache-Straße,
Antarktische Halbinsel

S. 292–293
Riesensturmvogel vor Eisberg,
Drake-Passage, Antarktis

S. 294–295
Eisberge, Kap Tuxen,
Antarktische Halbinsel

S. 296–297
Königspinguine, Gold Harbour,
Südgeorgien, Südatlantik, Antarktis

S. 298–299
Königspinguin-Brutkolonie, St. Andrews Bay,
Südgeorgien, Südatlantik, Antarktis

S. 300
See-Elefanten-Welpe, Südgeorgien,
Südatlantik, Antarktis

S. 301
Eselspinguin und Eis, Cuverville Island,
Antarktische Halbinsel

S. 302–303
Eselspinguine und Eisberg, Cuverville Island,
Antarktische Halbinsel

S. 304–305
Königspinguin-Brutkolonie, St. Andrews Bay,
Südgeorgien, Südatlantik, Antarktis

S. 306–307
Zügelpinguine, Baily Head, Deception Island,
Antarktische Halbinsel

S. 308
Adeliepinguin vor Eisberg,
Yalour-Inseln, Antarktische Halbinsel

S. 309
Adeliepinguin-Brutkolonie und Eisberge,
Yalour-Inseln, Antarktische Halbinsel

S. 310–311
Schwanzflosse eines Buckelwals vor Eisbergen,
Gerlache-Straße, Antarktische Halbinsel

S. 312–313
Adeliepinguine auf einer Eisscholle,
Kap Tuxen, Antarktische Halbinsel

S. 314
Eselspinguine, Neko Harbour, Antarktische Halbinsel

S. 315
Adeliepinguine, Yalour-Inseln, Antarktische Halbinsel

S. 316–317
Eisberge und Gebirgskette der Blanchard Ridge, Kiew-Halbinsel, Antarktis

S. 318
Orca mit fütternden Raubmöwen und Antarktiksturmvögel, Gerlache-Straße, Antarktische Halbinsel

S. 319
Weddellrobbe auf einer Eisscholle, Palaver Point, Two Hummock Island, Antarktische Halbinsel

S. 320–321
Dreizehenmöwenschwarm vor Gletscherwand, Monacobreen, Spitzbergen, Norwegen

S. 322–323
Eisbär auf Pfannkucheneis, Hinlopenstraße, Spitzbergen, Norwegen

S. 324
Eisbär auf dem Meereis, westlich der Sjuøyane (»Sieben Inseln«), Spitzbergen, Norwegen

S. 325
Ein Eisbärweibchen zeigt einem Männchen gegenüber unterwürfiges Verhalten, 80°5' N, Arktis

S. 326–327
Trottellummenkolonie, Alkefjellet, Lomfjord-Halbinsel, Spitzbergen, Norwegen

S. 328–329
Walross, Hinlopenstraße, Spitzbergen, Norwegen

S. 330–331
Eisbär auf dem Meereis, Sjuøyane (»Sieben Inseln«), Spitzbergen, Norwegen

SHEARWATER (PEREGRINE-TAUCHCOMPUTER)
www.shearwater.com
info@shearwater.com
+1 604 669 9958

TRANSKEI WILD COAST, SÜDAFRIKA

WILD CHILD AFRICA
www.wildchildafrica.com
info@wildchildafrica.com
+27 72 830 3202

ANIMAL OCEAN
www.animalocean.co.za
info@animalocean.co.za
+27 72 296 9132

PONDO BEACH CAMPS
www.pondobeachcamps.co.za
bookings@pondobeachcamps.co.za
+27 64 829 0298

GWEGWE BEACH LODGE
www.gwegwelodge.co.za
gwegwe@naturalselection.travel
+27 72 246 6386

KORALLENRIFFE DER SEYCHELLEN

BLUE SAFARI
www.bluesafari.com
travel@bluesafari.com
+248 422 9700

NINGALOO REEF, CAPE RANGE UND EXMOUTH-GOLF, AUSTRALIEN

DEFENDER ADVENTURE
www.defenderadventure.com.au
admin@defenderadventure.com.au
+61 474 869 847

WILDERNESS ISLAND CAMP
jimalston72@hotmail.com
+61 0409 430 688

SAIL NINGALOO
www.sailningaloo.com.au
res@sailningaloo.com.au
+61 0458 822 895

JARDINES DE LA REINA, KUBA

AVALON
www.avalonoutdoor.com
info@avalonoutdoor.com

BRITISH COLUMBIA, KANADA, UND ALASKA, USA

MAPLE LEAF ADVENTURES
www.mapleleafadventures.com
mapleleaf@mapleleafadventures.com
+1 250 386 7245

FOUR FLYWAYS OUTFITTERS
www.fourflywaysoutfitters.com
fourflyways@gmail.com
+1 907 538 1083

PANAMA, COSTA RICA, UND KOKOS-INSEL

UNDERSEA HUNTER
www.underseahunter.com
info@underseahunter.com
US +1 800 203 2120
Costa Rica +506 2228 6613

GALAPAGOSINSELN, ECUADOR

M/V SAMBA
www.sambagalapagosislands.com
juan@sambagalapagosislands.com

PALAU, MIKRONESIEN

PADDLING PALAU (ROCK ISLAND KAYAK EXPEDITIONS)
www.paddlingpalau.net
info@paddlingpalau.net
+680 488 8043

OCEAN HUNTER
www.oceanhunter.com
info@oceanhunter.com
+680 488 5522

BANDASEE UND SÜDOSTMOLUKKEN, INDONESIEN

MERMAID LIVEABOARDS
www.mermaid-liveaboards.com
info@mermaid-liveaboards.com
+62 361 285 054

DANK

Es waren unglaubliche vier Jahre, und wir sind zutiefst dankbar für das Privileg, die verbleibenden wilden und unberührten Meeresgebiete unseres Planeten erforschen und dokumentieren zu dürfen.

Aus einem Traum erwuchs ein anspruchsvolles Projekt, engagiert unterstützt von Naturschutzorganisationen und Einzelpersonen, Forscher:innen, furchtlosen Bootsskippern, Tauchbasen, Freund:innen und Familienmitgliedern, die unsere Leidenschaft für den wilden Ozean teilen – wir danken euch von ganzem Herzen.

Wir glauben daran, dass dieses Buch und seine Geschichte auch andere dazu inspirieren können, sich dem Kampf für den Erhalt unserer wilden Meeresgebiete anzuschließen, damit auch kommende Generationen an dieser natürlichen Schatzkammer teilhaben können. Am wichtigsten ist, dass die großartigen wilden Lebewesen, mit denen wir unseren Planeten teilen, den Raum erhalten, um an den Küsten der Erde und in der Tiefsee zu gedeihen.

Wir danken Alexander Taylor dafür, dass er fest an diese Bemühungen glaubt und die Veröffentlichung von *Wilder Ozean* unterstützt.

Vor langer Zeit nahmen unsere Eltern uns zum ersten Mal ins Meer mit, an Orte und zu Lebewesen, die unsere kindliche Vorstellungskraft weit überstiegen. Vielen Dank an die Familien Pickford und Ward. Danke für euer Vertrauen: an die Familie Melck, die uns zu Hause unterstützt, und Mike und Nina Gregory, für die nichts unerreichbar scheint, solange man sich engagiert.

Bei der Planung halfen Cristina Mittermeier und Paul Nicklen von SeaLegacy, Enric Sala von Pristine Seas, Kristine Tompkins von Tompkins Conservation, Jack Kittinger von IUCN Marine und viele andere aus aller Welt, die ihr Fachwissen am Telefon weitergaben.

Barry Bey-Leveld und Sarah Carter von Dive Action in Kapstadt berieten und versorgten uns mit Nauticam-Gehäusen für die Unterwasserfotografie. Wir danken Patricia Stovel von Shearwater für unsere Peregrine-Tauchcomputer, die uns während Hunderter von Tauchstunden nie im Stich ließen. Unser Dank gilt auch Barry und Grant Stringer von Reef Wetsuits in Kapstadt.

An der Transkei Wild Coast in Südafrika führte uns Steve Benjamin von Animal Ocean, ein furchtloser Wassermensch durch und durch, zur fabelhaften Sardinenwanderung. Wir danken unseren fachkundigen und tatkräftigen Führern Tim und Matt Botha von Wild Child Africa und Pondo Beach Camps und dem Naturschützer Colin Bell von der GweGwe Beach Lodge.

Auf den Outer Islands (Seychellen) teilten Keith Rose-Innes, Murray Collins und ihr professionelles Blue-Safari-Team dieses Wunder des unberührten Meeres so großzügig mit uns – ein aufrichtiger Dank dafür. Juho Karhu, Elle Brighton und das Tauchteam – danke euch. Ein tief empfundener Dank an Christophe Mason-Parker, einen Meeresschützer und Fotografenkollegen, für seine Unterstützung bei der Identifizierung von Meeresarten während des Projekts.

Unser Basislager an der Ningaloo-Küste in Australien war unser Profi-Wohnmobil von Defender Adventure in Perth. Es gab nichts Besseres, um zur richtigen Zeit am richtigen Ort zu sein, mit allem, was wir brauchten. Vielen Dank an Luke Wales.

Unsere Freunde Simon und Gill Youngleson begleiten uns schon ein Leben lang. Sie wagten es sogar, uns in ihrem Boot über den Exmouth-Golf zum nahezu unberührten Wilderness Island zu fahren – ein Mangrovenwunderland. Vielen Dank an Jim Alston und seinen zuverlässigen Camp-Manager Harry Butler vom Wilderness Island Camp.

Luke und Lannie Riley von Sail Ningaloo und ihr Expertenteam nahmen uns auf ihrer Jacht *Shore Thing* mit aufs Meer jenseits des Ningaloo Reef und offenbarten uns ein verstecktes, nur dank jahrelanger Touren entdecktes Unterwasserparadies.

Die Jardines de la Reina (Kuba) schienen unerreichbar, bis wir auf Filippo Invernizzi und Avalon stießen. Wir sind dankbar dafür, dass sie diese Hochburg der Artenvielfalt in der Karibik schützen und unseren Besuch möglich machten. Dr. Galice Hoarau, unserem Taucherkollegen, danken wir dafür, dass er seine außergewöhnliche technische und fotografische Erfahrung mit uns teilte.

An einem nur mit dem Boot erreichbaren Ort nahmen uns Maple Leaf Adventures mit auf eine Erkundungstour durch die prächtige Regenwaldküste in Kanada; hier in British Columbia gedeiht die Natur, ohne sich unserer veränderten Welt bewusst zu sein.

Unsere Freunde Roger und Lorna Seldon betreuten uns in British Columbia und stellten ihr Haus und ihre Zeit zur Verfügung, eine unschätzbare Hilfe. Dank gebührt auch dem abenteuerlustigen Dan Currie von Tofino Boating.

Mit Zac Mills vom Wildlife Collective und dem erfahrenen Reiseleiter Scott Stone erkundeten wir die entlegene Küstenwildnis Alaskas mit ihren Bären und Lachsen, und mit Jim Kearns und Edward Bond von Fairweather Adventures die Gletscher und Buchten der Glacier Bay. Mit Jeffrey Wasley und Brianne Rogers von Four Flyways Outfitters entdeckten wir die kalte und unwirkliche Wildnis von Izembek. Der Wunsch, unbedingt hierher zurückzukehren, ist ihrem Einsatz geschuldet, der weit über unsere Erwartungen hinausging.

Die zwei Monate mit unseren Freunden Graham und Alicia Waters auf der Jacht *Waterlust* in Panama und Costa Rica werden uns in bester Erinnerung bleiben. Sie teilten ihre Abenteuer und ihr schwimmendes Zuhause vorbehaltlos. Ihre Kinder Angus und Georgie öffneten uns die Augen für die Natur auf eine Weise, die wir schon vergessen hatten.

Die professionellen Tauchguides von der *Undersea Hunter* erschlossen uns das Unterwasserreich der Kokos-Insel. Sie geleiteten uns sicher durch starke Strömungen und führten uns ins unbekannte Reich der haifischreichen und komplexen Tiefsee.

Die Galapagosinseln sind eine Erfolgsgeschichte des Naturschutzes und versetzen einen an die Ursprünge zurück. Das *Galaxy Diver*-Team führte uns in die Unterwasserwildnis der Inseln Darwin und Wolf. Danke an Juan Salcedo von der Jacht *Samba* für unser Inselerlebnis. Harry Vargas und die Guides von der *Samba* taten mehr als das Menschenmögliche, um die scheinbar unerschlossenen Gewässer zu finden, so reich war die Tierwelt über und unter Wasser.

In Palau führte uns auf unnachahmliche Weise Ron Leidich von Rock Island Kayak Expeditions, ein leidenschaftlicher Naturforscher der Extraklasse. Er hebt Abenteuertauchen auf eine neue Ebene, weil er die Karte im Kopf hat. Mit den Meeresströmungen führte er uns durch versteckte Tunnel in Lagunen, in denen sich Krokodile und andere seltsame und scheue Unterwasserlebewesen verbergen.

Die *Ocean Hunter* nahm uns mit auf Tauchgänge zu den vorgelagerten Inseln und Kanälen und in die artenreichen Meeresschutzgebiete, an deren Einrichtung die Gruppe beteiligt war.

Das unberührte und kaum besuchte Meereswunderland der Bandasee und der Südostmolukken wurde uns von der erprobten Crew von Mermaid Liveaboards gezeigt. Unser Tauchguide Nelwan Mamonto erschloss uns beim Muck Diving und beim Fotografieren der Makrofauna neue Welten.

Unsere Reisen in die unendliche Wildnis der Polarmeere wären ohne die Unterstützung von Polar Quest, Quark Expeditions, Exodus Travels und Quixote Expeditions nicht möglich gewesen – danke dafür.

Dank gebührt außerdem all den anderen – zu viele, um sie alle zu nennen – Taucher:innen und Fotograf:innen, Forscher:innen, Wissenschaftler:innen und Entdecker:innen, die uns an ihren Welten teilhaben ließen.

Unser aufrichtiger Dank gilt der Wild Foundation – www.wild.org – für die Unterstützung unserer beiden Projekte *Wildes Land* und *Wilder Ozean*. Sie hießen uns als Collaborative Conservation Partner willkommen und brachten uns mit ihrem globalen Ziel – Wildnis, Wildtiere und Menschen zu schützen und zu verbinden – in Einklang.

Und schließlich Blackwell & Ruth – Geoff Blackwell und Ruth Hobday – unser Verlegerteam mit einer starken Vision und Integrität, deren Bestreben, die Natur zu erhalten, wir teilen. Danke dafür, dass sie unserem Traum, dieses Buch herauszubringen, den Weg bereiteten. Die Zusammenarbeit war in jeder Hinsicht eine besondere Ehre und eine positive Erfahrung.

Vielen Dank auch an unsere Redakteurin Nikki Addison, die viel zur Verdeutlichung unserer Botschaft beitrug, und an Olivia van Velthooven für das wunderschöne Design, das so vielschichtige Meeres- und Küstenlandschaften vereint.

Die englischsprachige Originalausgabe erschien 2025 unter dem Titel *Wild Ocean* bei
Blackwell & Ruth Limited
PO Box 37692
Newmarket, Auckland 1023
Neuseeland
www.blackwellandruth.com

1. Auflage

Penguin Random House Verlagsgruppe GmbH,
Neumarkter Str. 28, 81673 München
produktsicherheit@penguinrandomhouse.de
(Vorstehende Angaben sind zugleich Pflichtinformationen nach GPSR)

Projektleitung Verlag: Sabine Schmid
Übersetzung ins Deutsche und Lektorat: Dietmar Schmitz
Umschlaggestaltung: Corinna Pickart nach der Originalausgabe
Satz: VerlagsService Dietmar Schmitz, Erding
Druck und Bindung: 1010 Printing Ltd, China

Dieses Buch wurde auf PEFC-zertifiziertes Papier mit sojabasierten Farben gedruckt. PEFC steht für Holz- und Papierprodukte aus nachhaltig bewirtschafteten Wäldern.

Printed in China

ISBN 978-3-7913-9179-3

www.prestel.de

Die Autoren und der Verlag danken der Wild Foundation, ohne deren großzügige Unterstützung dieses Buch nicht möglich gewesen wäre.

Die Autoren

© Dr. Andrew Pickford

Peter und Beverly Pickford sind professionelle Wildtierfotografen, engagieren sich für den Naturschutz und sind eingefleischte Entdeckungsreisende. Beide sind in Afrika geboren und aufgewachsen. Ihre Arbeit führte sie über alle Kontinente und ist in elf Büchern dokumentiert, darunter im Bestseller *Ewiges Afrika: Eine Reise vom Kap der Guten Hoffnung nach Marokko* und im preisgekrönten Bildband *Wildes Land*, der auf Deutsch ebenfalls bei Prestel erschienen ist.

Wenn sie nicht gerade im Einsatz sind, leben sie in einem Naturschutzgebiet, das sie an der Westküste Südafrikas eingerichtet haben, und surfen, wandern und fahren Kajak in Gesellschaft von Tausenden von Seevögeln und Robben, zu deren Schutz sie beigetragen haben. Die Fotografien von *Wilder Ozean* werden gespendet, um Einzelpersonen und Nichtregierungsorganisationen zu unterstützen, die sich für die Einrichtung und Erweiterung von Meeresschutzgebieten auf der ganzen Welt einsetzen.

www.wildlandphoto.com
pickfordwildlifephotography
pickfordwildlifephotography
pbpickford

Umschlagvorderseite: Schwarzspitzen-Riffhai über Ohrenlederkoralle, Ningaloo Reef, Westaustralien

Umschlagrückseite: Eine Schule Großer Tümmler spielt in der Brandung, Wild Coast, Südafrika